中国居民增强免疫力食谱

王旭峰 主编　谢小青 副主编

青岛出版集团 | 青岛出版社

图书在版编目（CIP）数据

中国居民增强免疫力食谱 / 王旭峰主编 . — 青岛：青岛出版社，2020.5
ISBN 978-7-5552-9010-0

Ⅰ . ①中… Ⅱ . ①王… Ⅲ . ①保健 - 食谱 Ⅳ . ① TS972.161

中国版本图书馆 CIP 数据核字（2020）第 055950 号

编委会成员

陈景春　王　斌　陈娜珍　孙羽彤　彭丽君　袁巧丽　李颖婷　王旭江　常　明
富　裕　李婷婷　孙升东　李润庭　李　侨　马丽丽　陈佳蕾　刘欣然

书　　名　中国居民增强免疫力食谱
主　　编　王旭峰
副 主 编　谢小青
出版发行　青岛出版社
社　　址　青岛市崂山区海尔路 182 号（266061）
本社网址　http://www.qdpub.com
邮购电话　0532-68068026
选题策划　周鸿媛
图文统筹　张海媛
责任编辑　逄　丹　肖　雷　徐　巍
封面设计　1024 设计工作室（北京）文俊
设计制作　百事通
制　　版　上品励合（北京）文化传播有限公司
印　　刷　青岛乐喜力科技发展有限公司
出版日期　2020 年 5 月第 1 版　2023 年 2 月第 5 次印刷
字　　数　230 千
图　　数　720 幅
开　　本　16 开（720 毫米 ×1020 毫米）
印　　张　16
书　　号　ISBN 978-7-5552-9010-0
定　　价　58.00 元

编校印装质量、盗版监督服务电话 4006532017　0532-68068050
建议陈列类别：美食类　保健类

序言

PREFACE

自2020年初，新型冠状病毒流行以来，“免疫力”这个词被越来越频繁地提及和谈论，原因无他，因为针对新型冠状病毒目前（截至本书出版之时）还没有特效药，患者大多是靠自身免疫恢复健康。而对未受感染的人来说，除了采取尽量减少外出、正确佩戴口罩、勤洗手等措施之外，提高自身免疫力也有助于最大限度地降低感染的可能性。

确实，只有在和病毒进行殊死搏斗的特殊时刻，人们才意识到原来一直被我们“忽略”的免疫力竟然这么重要。可以说，免疫力的强弱，在某种程度上决定了我们生存的有效竞争力。

那么，问题来了，什么是免疫力？如何才能科学地提高自身的免疫力呢？

免疫力是人体自身的防御机制，打个比方，机体就好像一个国家，免疫系统就是国家的军队和治安力量，对外抵御敌人的入侵，对内维护社会的和谐稳定，这样机体才能保持健康的状态不生病。所以，免疫力是我们每个人最好的医生。

而要提高军队——免疫系统的作战力量，要做到四个好：心情好、睡眠好、运动好、营养好。而营养是非常重要的方面，因为人的生命活动是靠营养素来维系的，食物中的营养素会变成身体的一部分，要想构建卓越的体魄，必须摄取充足的营养。就像行军打仗需要粮草一样，免疫系统也需要足够的营养才能好好工作。在科学膳食的基础上，我们再进行适当的运动、保证积极乐观的心态和充足的睡眠，就能增强免疫力。

为此，我们推出了《中国居民增强免疫力食谱》，这本书除了教大家正确认识免疫力，还介绍了如何通过饮食、运动等方法来提高免疫力。饮食方面精心选取具有增强免疫力功效的食材，分析其营养功效并提供了居家制作方法，让读者在家也能知道如何吃得更营养、更健康；运动方面则介绍了有助于提高免疫力的一些运动方法，希望大家不论是在疫情期间，还是在平时，都能改变生活方式，让我们身体的防御体系变得更强大，帮助我们应对各种疾病带来的健康挑战。

提高免疫力的常见食材举例

我们平时生活中常见的食材大致可分为谷薯类、蔬果类、菌豆类、畜肉类、禽蛋奶类、水产类等，每一类食材对提高人体免疫力都有不可替代的作用。

谷薯类可以为人体提供丰富的碳水化合物和B族维生素，帮助人体免疫系统发挥正常作用，下面给大家推荐谷薯类中几种有助于提高免疫力的常见食材。

土　豆

营养成分：

碳水化合物、蛋白质、维生素C、钾、膳食纤维等

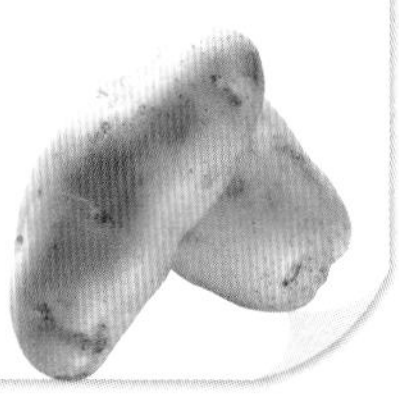

紫　薯

营养成分：

碳水化合物、蛋白质、花青素、铁、锌、镁、膳食纤维等

红　薯

营养成分：

碳水化合物、维生素B_1、维生素B_2、维生素C、胡萝卜素、果胶等

燕　麦

营养成分：

碳水化合物、蛋白质、维生素E、维生素B_1、维生素B_2、叶酸、钙、磷、铁、锰、β-葡聚糖等

荞　麦

营养成分：

碳水化合物、蛋白质、维生素B_1、维生素B_2、维生素E、铬、芦丁、胆碱、膳食纤维等

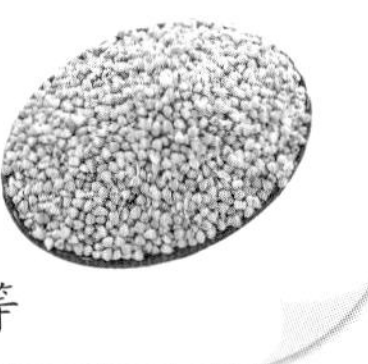

蔬果类

蔬果类含有多种维生素和矿物质，能更好地促进人体的免疫防御功能，下面给大家推荐蔬果类中几种有助于提高免疫力的常见食材。

茄　子

营养成分：

维生素C、维生素E、镁、锌、钾、芦丁、花青素、茄碱等

胡萝卜

营养成分：

胡萝卜素、钙、磷等

南　瓜

营养成分：

碳水化合物、β-胡萝卜素、钾、镁、锌、铬、果胶等

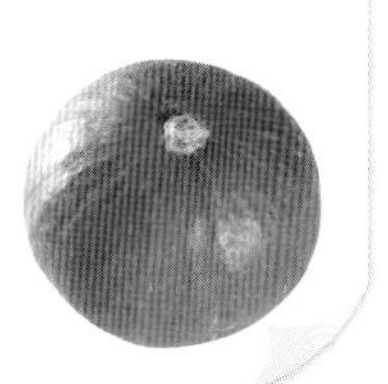

洋　葱

营养成分：

钙、镁、膳食纤维、硫化物、槲皮素等

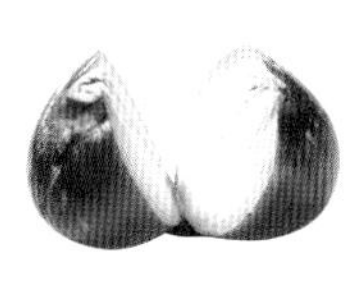

番　茄

营养成分：

维生素C、番茄红素、胡萝卜素、钾等

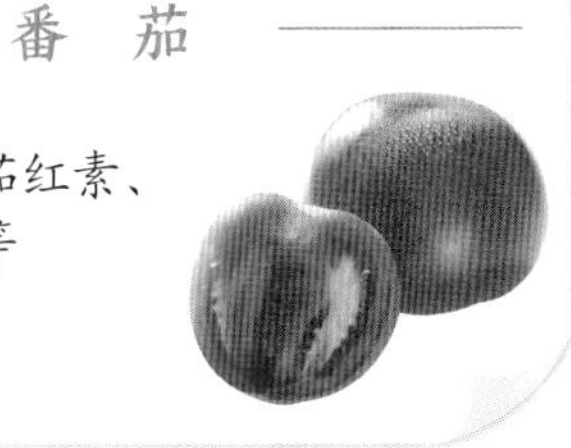

紫甘蓝

营养成分：

维生素C、钙、钾、花青素、β-胡萝卜素等

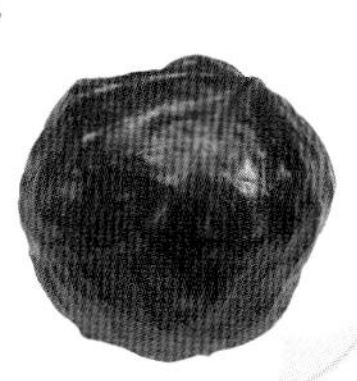

芦　笋

营养成分：

蛋白质、钙、磷、钾、锌、铜等

苦　瓜

营养成分：

维生素C、钙、镁、铜、铁、锌、苦瓜素等

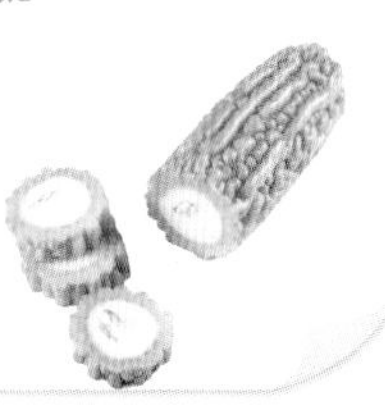

豇　豆

营养成分：

维生素C、钙、磷、钾、镁、硒等

白　菜

营养成分：

维生素C、β-胡萝卜素、钙、膳食纤维、黄酮类物质等

芹　菜

营养成分：

维生素B_2、维生素C、钾、钙、胡萝卜素等

秋　葵

营养成分：

维生素B_6、钙、锌、硒、β-胡萝卜素、黄酮类物质、膳食纤维等

黄　瓜

营养成分：

钾、钙、磷、镁、膳食纤维等

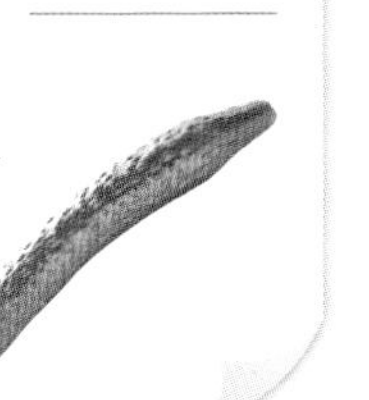

山　药

营养成分：

碳水化合物、蛋白质、维生素B_1、钙、钾、镁等

柚 子

营养成分:

碳水化合物、维生素C、B族维生素、钙、磷、胡萝卜素、黄酮类物质、柠檬酸、枸橼酸等

苹 果

营养成分:

碳水化合物、维生素C、钾、苹果酸、多酚类物质等

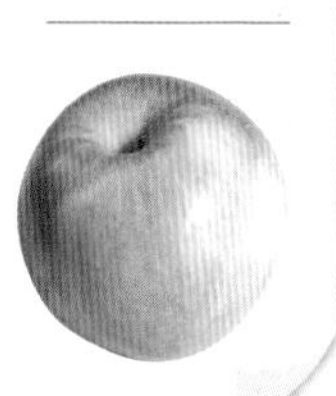

菠 萝

营养成分:

碳水化合物、维生素C、维生素B_1、维生素B_2、锰、钾、钙、有机酸、膳食纤维等

菌豆类

菌豆类富含优质植物蛋白质和多种维生素、矿物质，可以为提升免疫力提供物质基础，下面给大家推荐菌豆类中几种有助力于提高免疫力的常见食材。

金针菇

营养成分:

蛋白质、钾、磷、镁、膳食纤维等

草 菇

营养成分:

维生素C、维生素B_2、维生素B_6、钾、膳食纤维等

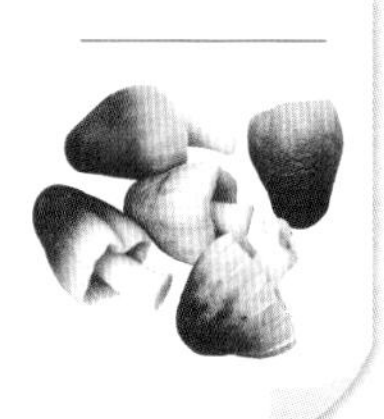

口 蘑

营养成分:

蛋白质、膳食纤维、维生素B_2、维生素B_6、钾等

平 菇

营养成分:

蛋白质、维生素B_6、钾、镁、硒、膳食纤维等

鸡腿菇

营养成分:

钾、硒、多糖等

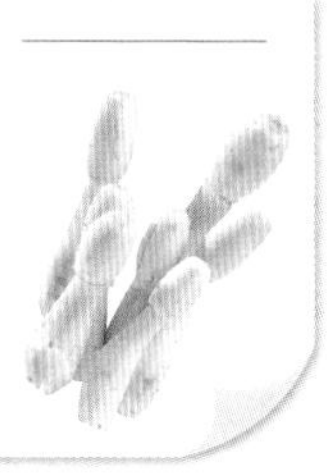

猴头菇

营养成分:

蛋白质、铁、硒、膳食纤维等

竹　荪

营养成分：

蛋白质、多糖、钾等

木　耳

营养成分：

钙、铁、膳食纤维、木耳多糖等

榆　耳

营养成分：

蛋白质、碳水化合物、维生素B_1、维生素B_2、烟酸、钙、镁、锌等

豆　腐

营养成分：

蛋白质、钙、磷、钾、镁、铁、锌、硒等

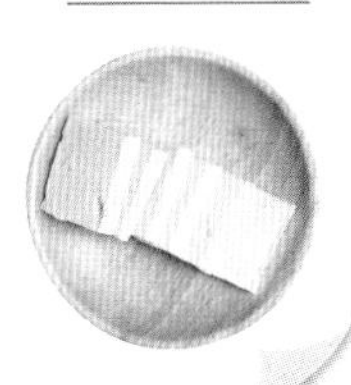

禽蛋奶类

禽蛋奶类富含优质动物蛋白质，能为抗体的形成提供物质基础，下面给大家推荐禽蛋奶类中几种提高免疫力的常见食材。

鸡　肉

营养成分：

蛋白质、脂肪、维生素B_2、维生素B_6、烟酸、维生素E、维生素A、钾、硒等

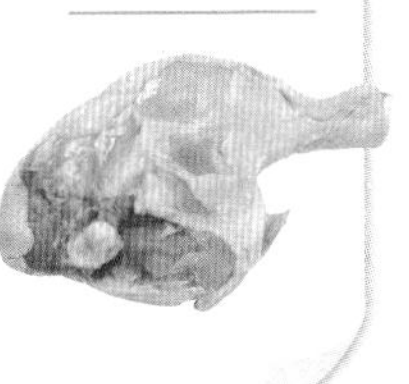

鸭　肉

营养成分：

蛋白质、铁、镁、磷、硒、维生素B_1、维生素B_2、维生素B_6、维生素B_{12}，维生素A等

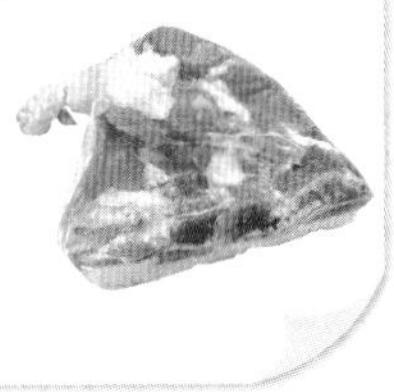

鸡　蛋

营养成分：

蛋白质、卵磷脂、B族维生素等

牛　奶

营养成分：

蛋白质、脂肪、碳水化合物、钙、磷、钾、镁、硒等

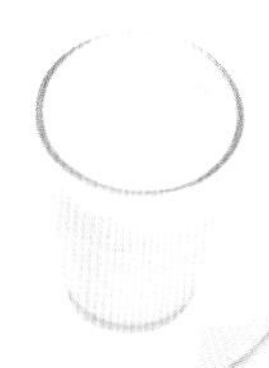

芝　士

营养成分：

维生素A、钙、锌、铁、镁等

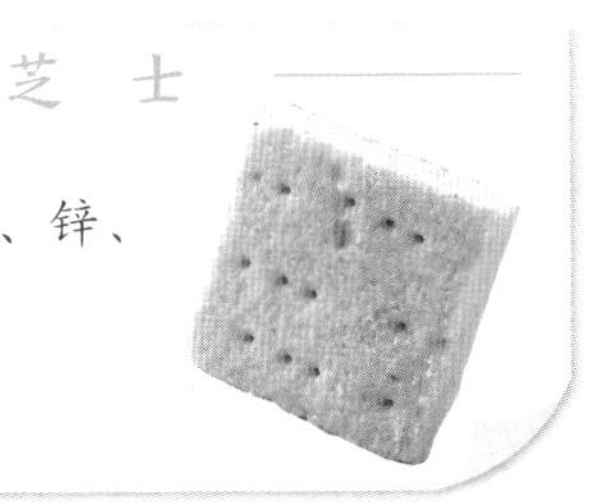

畜肉类

畜肉类富含优质动物蛋白质、B族维生素和矿物质，有助于免疫功能提升，下面给大家推荐畜肉类中几种有助于提高免疫力的常见食材。

羊肉

营养成分：

蛋白质、维生素B_{12}、磷、钾、镁、铁、锌、硒等

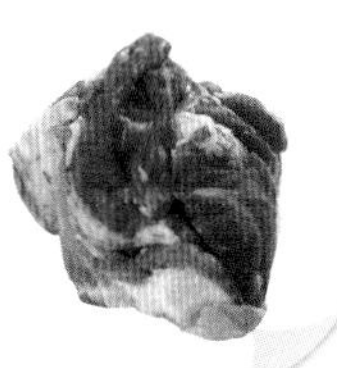

牛肉

营养成分：

蛋白质、叶酸、维生素B_{12}、磷、钾、镁、铁、锌、硒等

猪肉

主要成分：

蛋白质、脂肪、维生素A、维生素E、磷、钾、铁、硒等

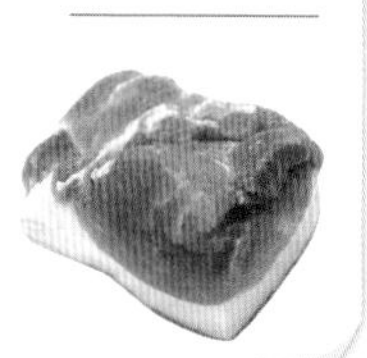

水产类

水产类富含优质动物蛋白质、不饱和脂肪酸和丰富的矿物质，能为抗体的形成提供物质基础，并能调节免疫功能，下面给大家推荐水产类中几种有助于提高免疫力的常见食材。

蛤蜊

营养成分：

蛋白质、钙、锌、硒、磷、钾、镁等

对虾

营养成分：

蛋白质、维生素E、磷、钾、镁、铁、锌、硒、虾青素等

鲈鱼

营养成分：

蛋白质、维生素A、钙、磷、钾、镁、铁、硒等

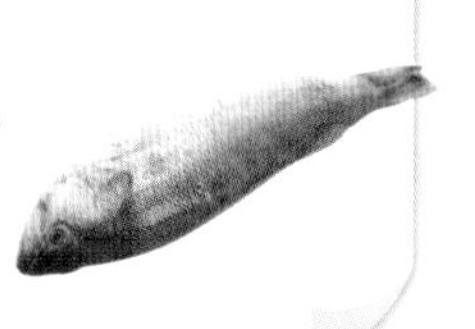

鲤鱼

营养成分：

蛋白质、钙、钾、磷、镁、铁、锌、硒等

泥鳅

营养成分：

蛋白质、钙、磷、钾、镁、铁、锌、硒等

龙利鱼

营养成分：

蛋白质、n-3脂肪酸、钾、镁、硒等

三文鱼

营养成分：

蛋白质、钙、磷、钾、镁、硒等

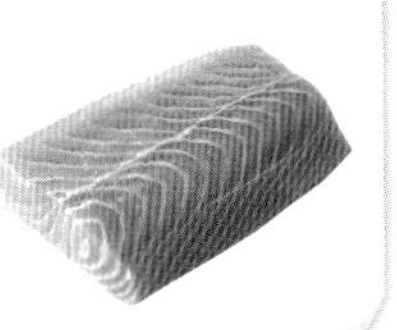

带鱼

营养成分：

蛋白质、磷、钾、镁、铁、硒等

海参

营养成分：

蛋白质、钙、镁、硒、海参皂苷等

鱿鱼

营养成分：

蛋白质、钙、磷、钾、镁、铁、锌、硒等

坚果类

坚果类含有丰富的蛋白质、不饱和脂肪酸及多种维生素和矿物质，对调节免疫功能功效显著，下面给大家推荐坚果类中几种有助于提高免疫力的常见食材。

核桃

营养成分：

蛋白质、脂肪、膳食纤维、维生素E、镁、铁等

花生

营养成分：

蛋白质、脂肪、膳食纤维、烟酸、维生素E、钾、磷、镁、铁、锌、硒等

巴旦木

营养成分：

蛋白质、脂肪、膳食纤维、维生素B_2、维生素E、钙、钾、磷、镁、锌等

榛子

营养成分：

蛋白质、脂肪、膳食纤维、维生素E等

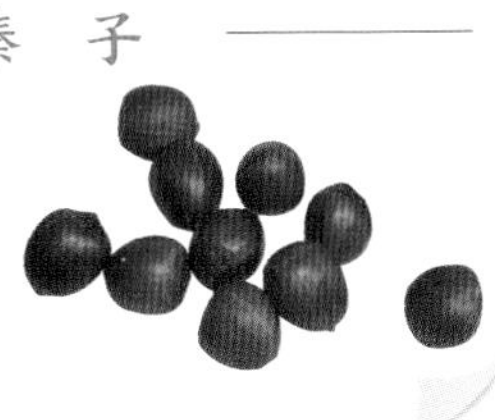

腰果

营养成分：

蛋白质、脂肪、磷、钾、镁、铁、锌、硒等

栗子

营养成分：

蛋白质、碳水化合物、维生素B_2、维生素C、胡萝卜素、钙、磷、铁等

其他

除以上七大类食物，还有一些食物富含人体免疫细胞生成所需的维生素和矿物质，同样有助于免疫功能的正常发挥，下面给大家推荐其他类中几种有助于提高免疫力的常见食材。

莲子

营养成分：

碳水化合物、维生素E、镁、铁、锌等

银耳

营养成分：

碳水化合物、膳食纤维、烟酸、磷、钾、镁、铁、硒等

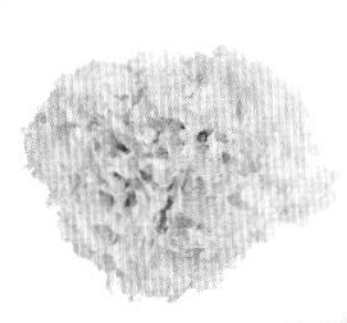

黑芝麻

营养成分：

维生素E、膳食纤维、钙、磷、钾、镁、锌、铁、硒、锰等

目录

CONTENTS

第一部分
免疫力：人体的健康卫士

免疫力如同驻扎在我们体内的军队和治安人员，它们对外负责抵御细菌、病毒等病原体的侵袭，对内清除变异细胞等，维护着人体的健康。只有我们的免疫力正常，才能保持我们的身体健康。这一章就让我们一起来了解一下什么是免疫力，认识一下我们身体内的免疫系统。

什么是免疫和免疫力？

2020年新型冠状病毒的流行，让人们更深刻地认识到了免疫力的重要性。钟南山院士在谈到新型冠状病毒的特点时说：“（针对）新型冠状病毒目前没有特效药。关键要做好预防，保持良好的生活习惯，提高自身免疫力，最大限度降低患病可能性。”

也就是说，提升免疫力是抗击病毒的不二法门。那么，什么是免疫和免疫力呢？

⊕ 免疫的早期概念和由来

“免疫（Immunity）”一词源于拉丁文“Immunitas”，原意是免除赋税和差役，后转意为免除瘟疫。瘟疫，也就是传染性疾病，所以，免疫的早期概念就是在瘟疫流行时患过该种传染病而痊愈的人对这种疾病具有的抵抗力，这种抵抗力能保护他们不会被再次感染，也叫抗感染免疫。

人类是怎么发现感染和免疫之间的关系的呢？这要从天花说起。

免疫知识链接——天花

天花是一种由天花病毒引起的烈性传染病。发病时，患者全身布满红疹，然后结痂，最后在身上、脸上留下永久性的瘢痕（俗称麻子），故而此病得名天花。直到20世纪七八十年代，天花才被彻底消灭，这也是迄今为止人类唯一彻底消灭的传染病。而在这之前，天花在人类历史上至少肆虐了3000年。天花的发病率跟今天的感冒一样高，死亡率大约为30%，这种病毒造成的有据可考的全球死亡人数就在2亿以上。

公元前1145年

古埃及法老拉美西斯五世去世。后来，人们在他的木乃伊上发现了天花病毒留下的疤痕，这是人类第一个有记载的天花病例。

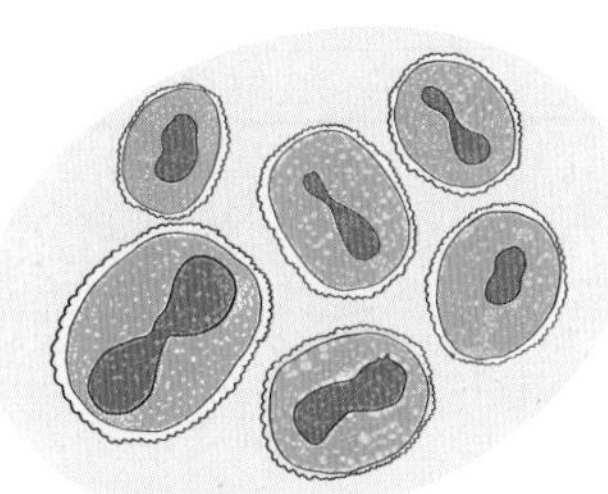

天花病毒

公元1世纪（汉代）

据推测，天花通过战俘传入中国，导致大量的人死亡。

16世纪（明朝）

中国古代医学家在长期的治疗中发现一个现象，就是凡是得过天花并痊愈的人，就终身不会再得天花了，这是人类最早发现的免疫现象。于是，诞生了一种预防天花的方法——人痘接种法，即用人工的方法预防天花。

中国古代人痘接种法

17世纪后

人痘苗逐渐在中国及邻国、欧洲广泛应用，这虽然大大降低了天花的死亡率，但依然会有2%的致死率。

18世纪中后叶

英国乡村医生爱德华·琴纳偶然发现了牛痘可以预防天花，经过试验，他发明了安全性更高的牛痘接种法，这使得天花的发病率和死亡率大大降低。由此，人类才知道了预防传染病最有效的办法——接种疫苗，免疫学从此诞生。

牛痘接种法大大推动了现代免疫学的发展

19世纪末

随着微生物学的发展，法国免疫学家巴斯德（Pasteur）和德国细菌学家科赫（Koch）发现了病原微生物，并制造了炭疽疫苗和狂犬病疫苗。他们以科学试验的方法发现并证实了感染与免疫的关系。

免疫的现代概念

人类从天花出现到发现免疫现象，从发明人痘接种法到发明牛痘接种法，再到研发出减毒疫苗，经历了几千年的时间，付出了数以亿计的生命代价，才证实了感染与免疫的关系。但是，对免疫是如何产生的，人们仍然不了解。这就促使科学家们进一步去探索研究。他们又发现了抗原、抗体、超敏反应、免疫耐受等，细胞免疫学和分子免疫学也逐渐兴起并发展。

这样一来，原先的免疫的定义就显得过于狭隘了，科学家们由此提出了免疫的现代概念，即机体识别“自己”与“非己”抗原，对自身抗原形成天然免疫耐受，而对“非己”抗原产生排斥作用的一种生理功能。

简单地说，免疫就是识别“自己”，排斥“非己”，以维持机体内环境的平衡与稳定。

免疫识别的对象

1. 侵入机体的病原微生物（细菌、病毒等）或其他“非己”物质。
2. 机体内衰老、损伤、死亡、变性的细胞。
3. 机体内突变细胞和被病毒感染的细胞。
4. 植入机体的异体组织或器官。

什么是免疫力?

免疫是一种生理功能，那免疫力就是人体发挥这种生理功能的能力，也就是人体抵抗病毒、细菌等物质和消除自身病变的能力。

打个比方，机体就好比一个国家，免疫力就是国家的军队和治安力量，对外抵御细菌和病毒的入侵，对内维护社会的和谐稳定，这样才能保证机体处于健康的状态。因此，免疫力对人体健康非常重要。

但由于个体的差异，每个人的免疫力水平是不同的。比如2020年爆发的新型冠状病毒肺炎，有些感染者症状轻微，甚至是无症状，很快就能自愈；有些感染者症状比较严重，但经过一段时间的治疗也能恢复健康；还有一部分感染者则病情非常严重，甚至会死亡。

之所以感染者的病情会出现不同情况，其根源就是他们的免疫力水平不同，就像钟南山院士所说，针对这种病毒，目前人类没有特效药，只能依靠自身的免疫力来与它战斗。因此，为了保持健康，提高生活质量，我们需要采取科学的方法来提高自身免疫力。

瘟疫——细菌、病毒与人体免疫力的战争

在人类历史上，曾发生过数次大范围的瘟疫，每一次都给人类带来灾难性的后果。但是，每一次瘟疫流行后大多数人都顽强地存活下来了。这是为什么呢？这就是因为人有免疫力。每一次瘟疫的爆发，都是细菌、病毒与人体免疫力的惨烈战争。

→公元前 1156 年：天花由携带天花病毒的家畜或野生动物传染给人类。在其肆虐的 3000 年里，至少造成 2 亿人死亡，直到 20 世纪七八十年代天花才被消灭。

→ 1347—1353 年：鼠疫耶尔森菌导致的黑死病在欧洲爆发。它是由鼠、旱獭等啮齿动物通过跳蚤传染给人类的疾病，造成 2500 万欧洲人死亡，占当时欧洲总人口的 1/3 以上。

→ 1816 年：由霍乱弧菌感染所致的霍乱在恒河流域爆发。这种瘟疫在全球爆发多次。霍乱由被污染的水源传染给人类，造成至少数千万人死亡。

→ 1918—1919 年：一场大流感蔓延全球，其病毒类型和起源尚不明确。这场流感造成数千万人死亡，其数量比第一次世界大战的死亡人数还多。

→ 1976 年：埃博拉病毒出现，它由野生动物传染给人类。此后这种病毒导致的疾病每隔几年就会爆发一次，肆虐非洲，至今已造成近 10 万人死亡。

→ 2002—2003 年：非典型肺炎爆发。它造成全球近千人死亡，且给治愈者留下了严重的后遗症。

→ 2009 年：甲型 H1N1 流感爆发。它在全球造成 2 万多人死亡。

→ 2020 年：新型冠状病毒爆发，蔓延全球，病毒起源尚无定论。这种病毒导致的疾病至今已造成数百万人感染、数十万人死亡，且感染和死亡数量还在持续增加中……

从目前的资料来看，许多病原体来源于野生动物。虽然现代医学使传染病对人类健康的威胁大幅下降，但是，问题依然严重。人类对传染病的认识和防范意识依然不足，这可能给细菌和病毒可乘之机，旧的传染病随时可能卷土重来，新的传染病随时可能出现。因此，我们决不能放松警惕，要从自我做起，保护环境，远离野生动物，拒绝野味！这不仅仅是为了我们自己，更是为了我们的后代和人类的未来。

免疫的两种类型

免疫主要有两种类型：非特异性免疫和特异性免疫。两者虽然不同，但都是人类在漫长进化过程中获得的遗传特性，而且，非特异性免疫在对病原体的入侵做出快速反应的同时，还在特异性免疫的启动和发挥作用的过程中起着重要作用。大家可以通过下面的图表来了解一下这两类免疫。

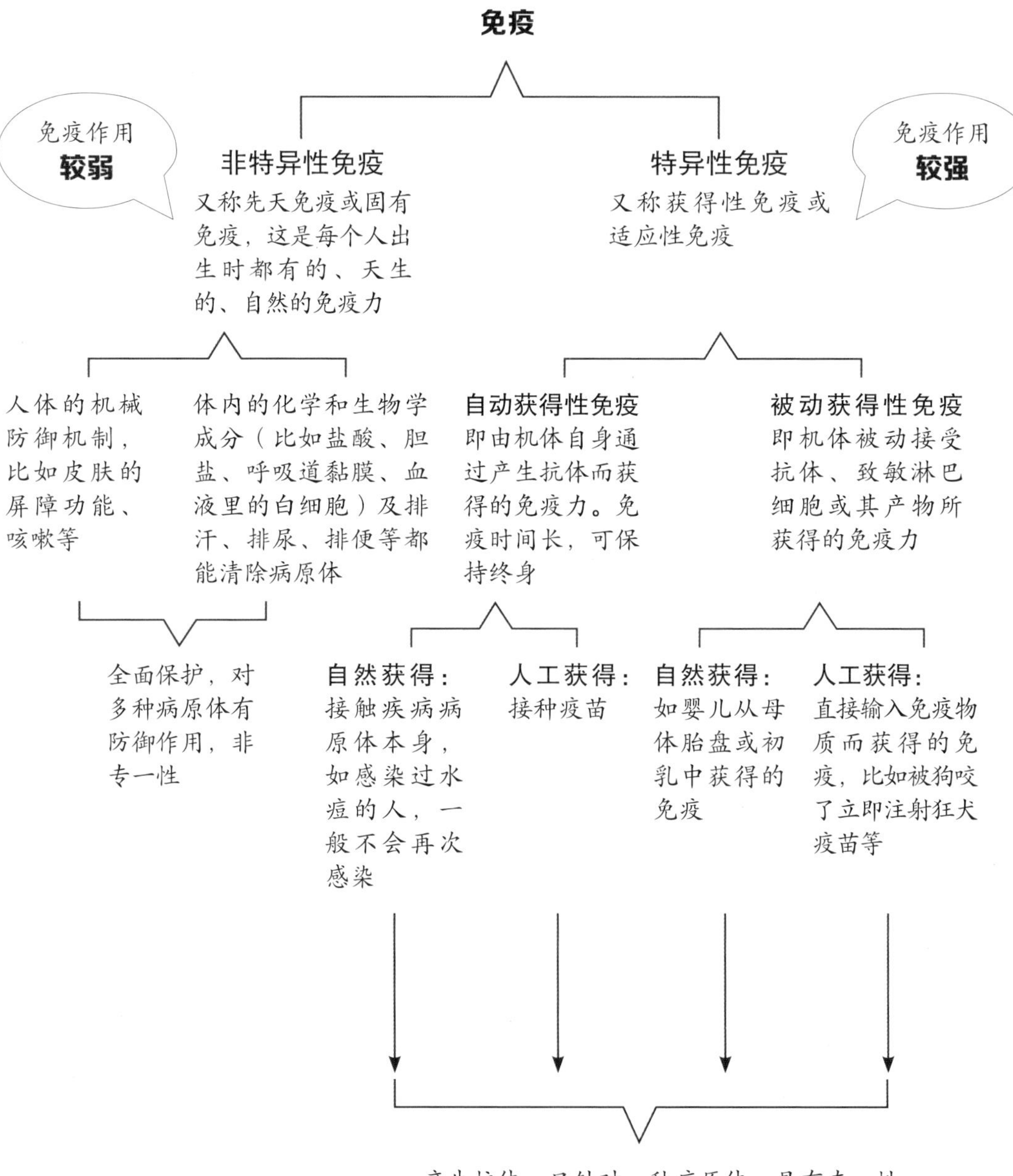

人体免疫的三道防线

为了抵抗病原体的入侵，人体免疫系统构筑了三道防线。这三道防线构成了一个强大的纵深防御体系，只有三道防线同时、完整、完好地发挥免疫作用，才能最大限度地保证我们的身体健康。

第一道防线：皮肤和黏膜及其分泌物

完整的皮肤和黏膜可阻挡病原体侵入体内，皮肤分泌物有杀菌作用，呼吸道黏膜上的纤毛可以清除异物。而皮肤一旦破损，也就失去了屏障作用，病原体会从破损处侵入人体。

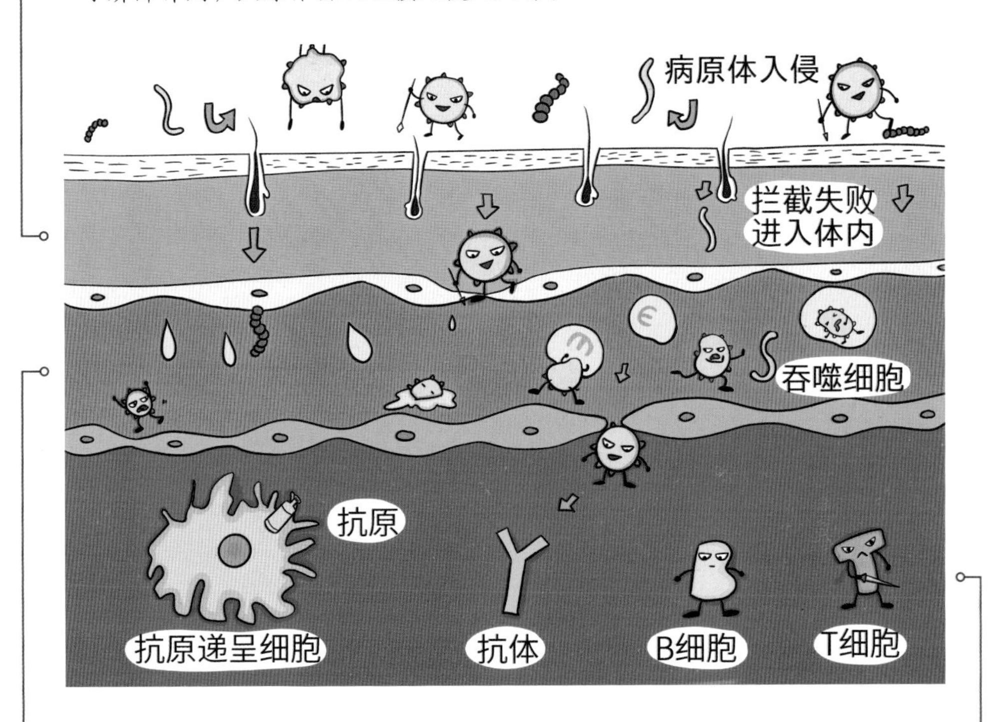

第二道防线：体液中的杀菌物质和吞噬细胞

体液中的溶解酶能破坏多种病菌的细胞膜，杀灭病菌；吞噬细胞可吞噬病原体。

第三道防线：参与免疫应答的免疫器官和免疫细胞

识别抗原，产生相应的抗体，杀死病原体。

人体免疫系统的组成

免疫系统是人体自身的防御系统，由免疫器官、免疫细胞和免疫因子组成，它就像一个国家的军队一样，分工合作，组织严密，具有非常强大的力量。免疫系统到底是怎么保护人体的呢？下面就来详细了解一下。

⊕ 免疫器官——负责制造、训练士兵，指挥作战，亦是战场

免疫器官就是实现免疫功能的器官，根据分化的早晚及功能的不同，可分为两级：

免疫器官	
中枢免疫器官（初级免疫器官）	外周免疫器官（次级免疫器官）
骨髓、胸腺	脾脏、扁桃体、淋巴结、黏膜相关淋巴组织、盲肠等
在人出生前就已发育完善，是免疫细胞发生、分化和成熟的场所	出生后才逐渐发育完善，是免疫细胞定居、增殖的场所和与病原体作战的主战场

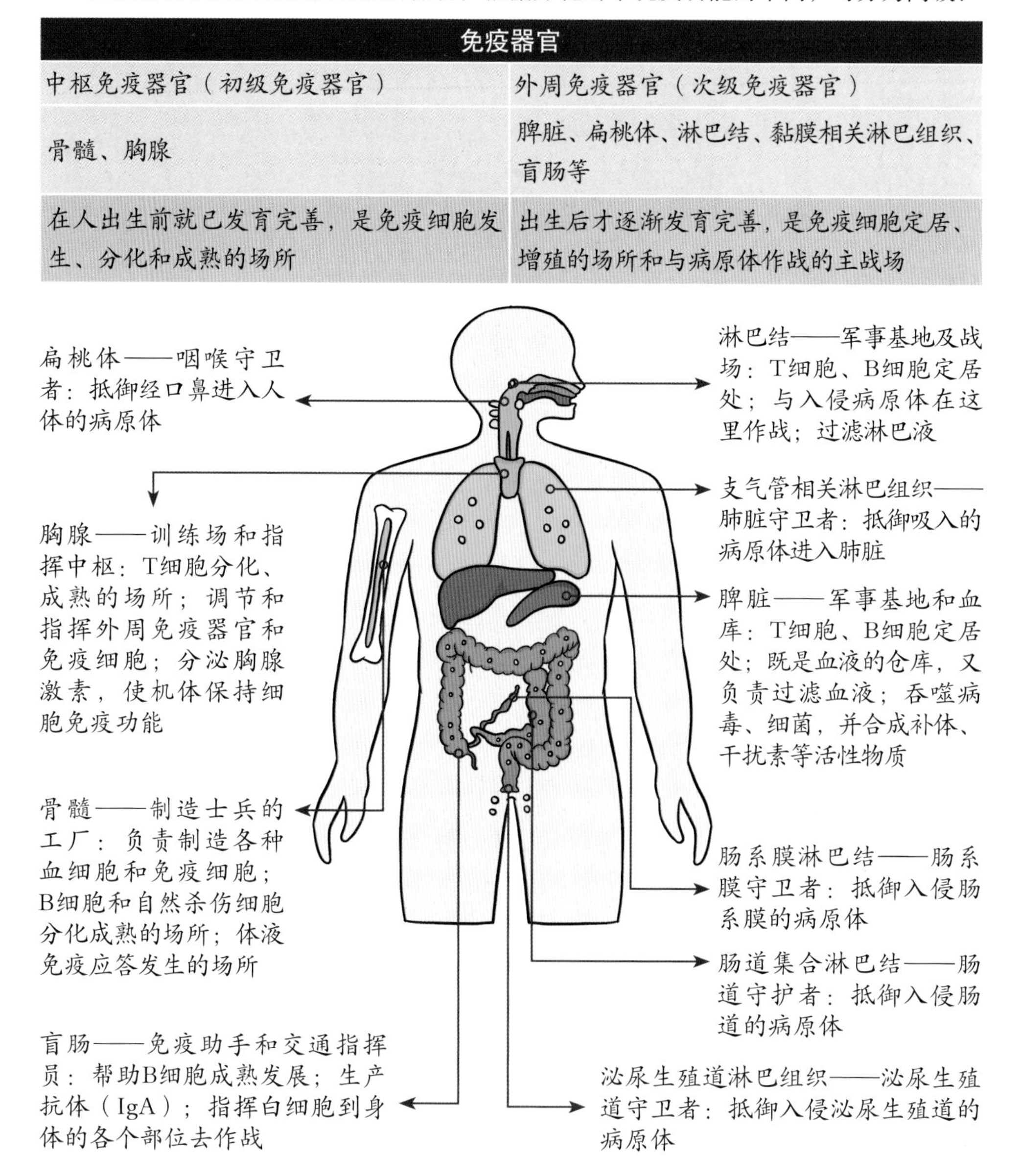

⊕ 免疫细胞——免疫系统的主力军队

免疫细胞是参与免疫作用的细胞，是人体免疫系统的“主力军队”。它们有很多种类，就像军队里的不同兵种，还可因不同时间和不同的功能状态，而在一定范围内变化。当病原体入侵时，它们分工合作，各司其职，是对抗病原体的最有效武器。因此，一个人免疫力的强弱，主要就体现在当身体遭遇病原体侵袭时，是否能够快速生产出免疫细胞。

人体各种免疫细胞的作用

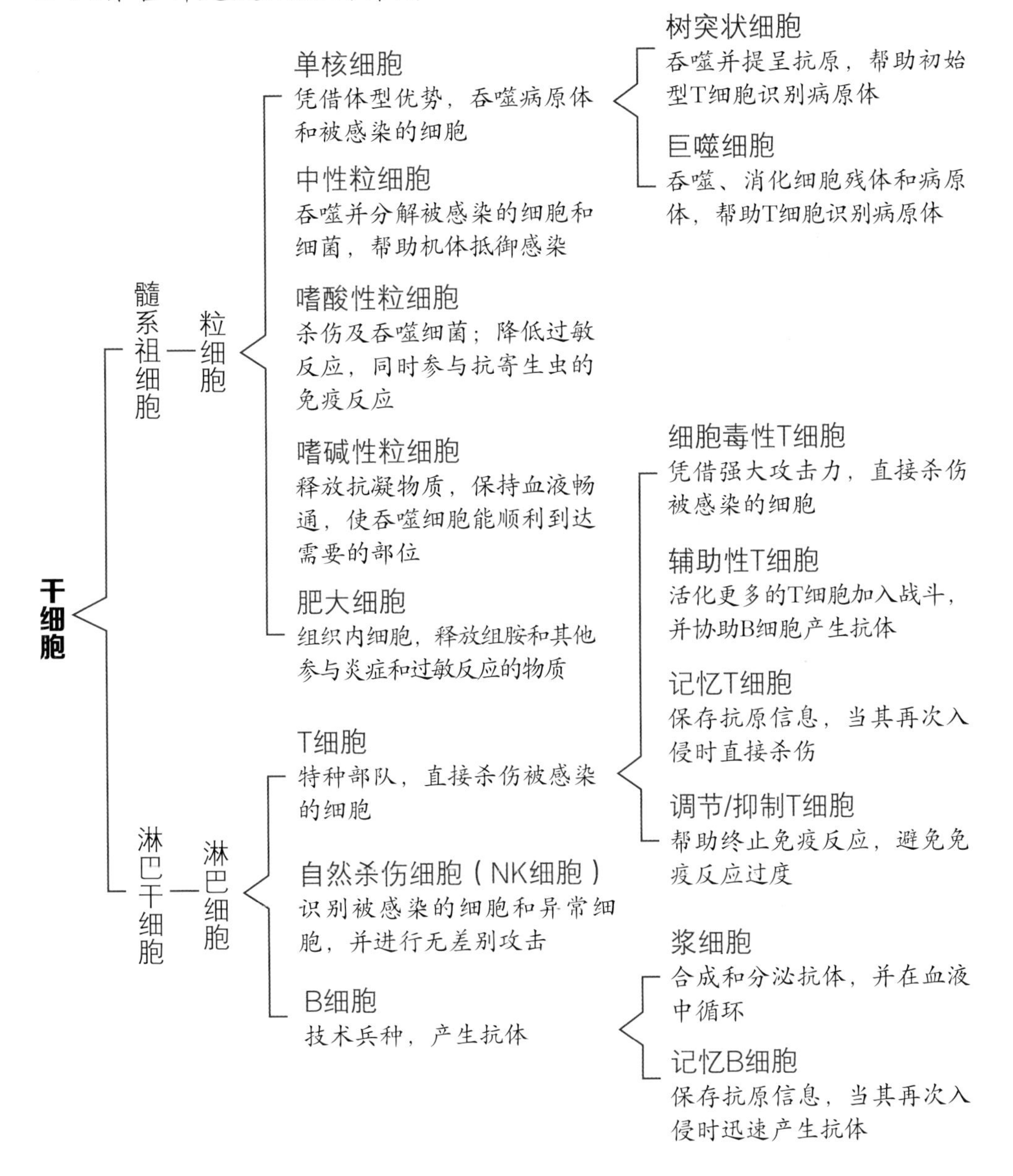

⦸ 免疫细胞是如何消灭病原体的？

1. 病原体入侵，被吞噬细胞吞噬。
2. 吞噬细胞将病原体杀死并分解。
3. 吞噬细胞将抗原信息传递给T细胞和B细胞。
4. B细胞发现匹配自身受体的抗原。
5. B细胞开始增殖分化。
6. 辅助性T细胞把抗原信息传递给初始T细胞，召集它们加入战斗。
7. 辅助性T细胞把抗原信息传递给自然杀伤细胞，召集它们加入战斗。
8. 接收到抗原信息的T细胞快速分裂、分化。
9. 活化B细胞，辅助B细胞产生抗体。

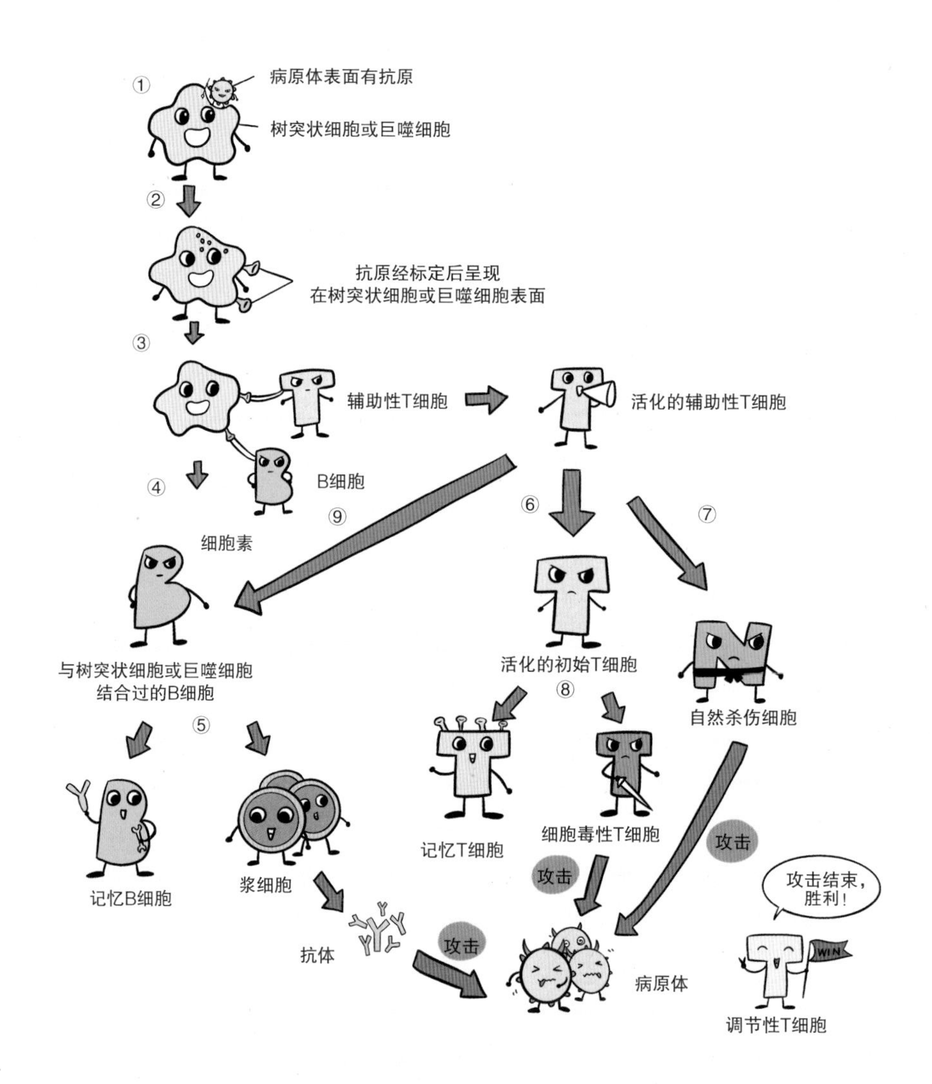

⊕ 免疫因子——协助并增强免疫细胞的杀伤力

免疫因子是由免疫细胞或其他细胞产生的发挥免疫作用的物质，主要协助免疫细胞进行战斗，增强免疫细胞的作战能力。免疫因子的种类很多，主要包括抗体、补体、细胞因子、黏附分子等。

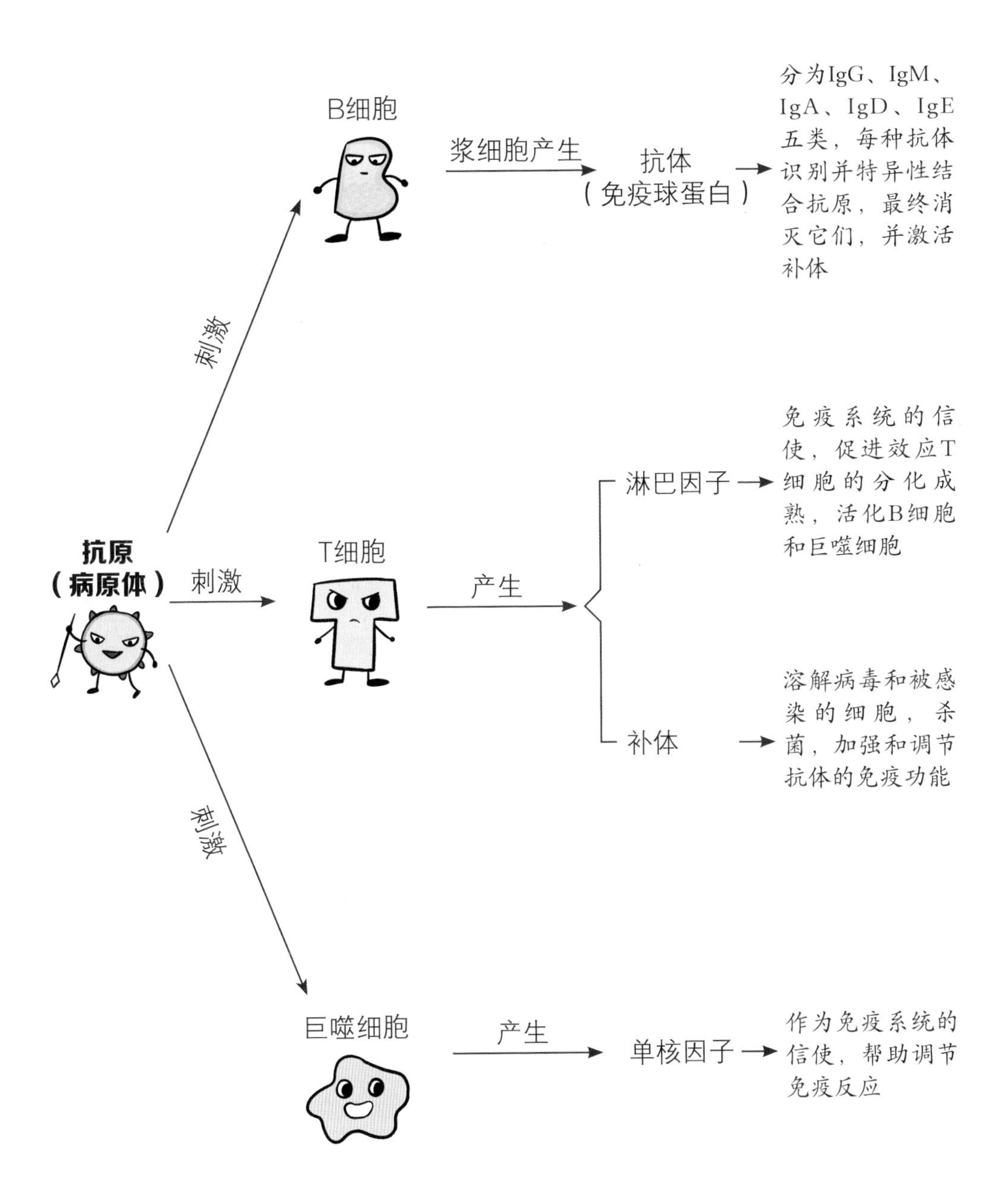

免疫的三大功能

我们生活在复杂的环境中，致病的细菌、病毒等微生物无处不在，随时都能使人体生病，但事实却是大部分人都很少生病，原因就是我们身体的免疫功能在发挥作用。那么，免疫除了能抵御细菌、病毒等的进攻，还有没有其他功能呢？有！免疫主要有三大功能。

防御功能

作用对象：细菌、病毒、灰尘、霉菌、寄生虫等。

功能正常：有效抵御入侵的各种病原体，防止疾病的产生。

功能过强：产生过敏反应，如对花粉、食物、药物过敏等。

功能过弱：发生免疫缺陷，比如容易感染疾病等。

自稳功能

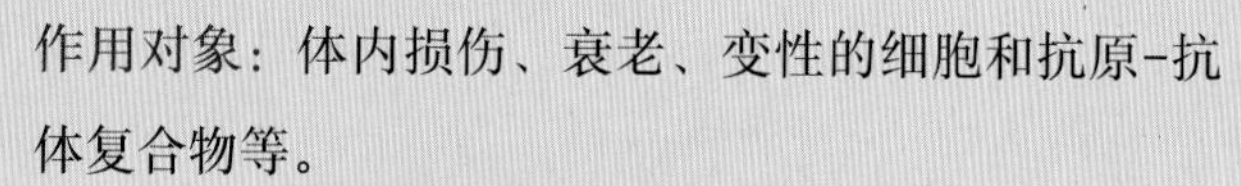

作用对象：体内损伤、衰老、变性的细胞和抗原-抗体复合物等。

功能正常：可及时发现、清除这些成分，加速新陈代谢，使机体内环境保持相对稳定。

功能过强或过弱：发生生理功能紊乱，出现自身免疫性疾病，比如系统性红斑狼疮、类风湿性关节炎、恶性贫血等。

监视功能

作用对象：体内突变、畸变和被病毒干扰的细胞。

功能正常：可及时识别、清除这些异常细胞，保持机体健康。

功能过强：出现排斥反应，如器官移植后的排斥反应等。

功能过弱：可能导致肿瘤发生，或出现被病毒持续感染的现象。

影响免疫力水平的因素

每个人的免疫力水平都不一样，这是因为免疫力会受很多种因素的影响，下面我们就来看一看都有哪些影响因素。

⊕ 遗传

人体的免疫力首先跟遗传基因有一定的关系。国际权威学术期刊《自然通讯》上多次发表相关研究结果，认为免疫系统受遗传的影响远高于先前的设想。多种遗传疾病都存在免疫力低下的问题，包括许多免疫缺陷综合征。

⊕ 年龄

年龄与免疫力水平关系密切：儿童时期，免疫系统发育尚未成熟，免疫力比较低；随着年龄增长，免疫功能逐渐完善，在青年时期达到顶峰；然后，免疫力开始随着年龄的增长而逐渐降低。

北京协和医院感染内科的李太生等专家曾历时10年，对年龄在18~80岁的1068位健康人进行免疫力检测。研究发现，随着年龄的增长，人体内的T细胞总数会逐渐从1403个单位降至1198个单位——这就相当于一个军队里作战的士兵少了，战斗力就会下降——免疫功能也必然会下降。这样一来，老人罹患感染性疾病、慢性疾病与癌症的风险也会相应增高。

⊕ 运动

俗话说，“生命在于运动”，免疫系统也是一样。有研究表明，每天运动30~45分钟，每周5次，持续12周后，就会使免疫细胞的数目增加、活性增强，机体免疫力明显增强。而如果长期不运动，会导致脏腑功能减退、内分泌系统功能下降、血液循环不畅和新陈代谢放缓，这些都会抑制免疫系统的功能，使免疫力降低。

⊕ 精神状态

医学研究证明，愉悦的心情能降低应激激素水平，增强免疫细胞的活性，从而提高免疫力。而过多负面情绪、过大的精神压力会促使人体分泌过多的类固醇激素和肾上腺素，导致自主神经功能紊乱，抑制免疫系统的反应速度，削弱免疫力。

⊕ 饮食

饮食中的营养物质是构成免疫系统的物质基础，比如蛋白质是构成免疫细胞和抗体的基本物质；足量的碳水化合物能保证血糖稳定，维持免疫功能；维生素和矿物质更是维持免疫力不可或缺的营养素。所以，营养均衡的饮食对维持免疫功能、提升免疫力至关重要。如果挑食、偏食、盲目节食，会造成营养不良，身体的免疫机能必然会受到严重的影响。

用药或疾病

滥用某些药物，会直接导致免疫力的降低。比如抗生素，它在杀死致病细菌的同时，也会影响正常细菌。盲目滥用抗生素会导致体内菌群失调，还会使细菌产生耐药性，甚至产生超级耐药细菌。

另外，基础病、慢性病会长期消耗人体的能量，也会影响免疫力，所以，患有这些病的人群面对感染性疾病时往往抵抗力不足。比如2020年爆发的新型冠状病毒肺炎，其重症和死亡患者中，大多是有基础病或慢性病的。

环境因素

环境的变化也会影响免疫力水平。对此，美国斯坦福大学免疫学家马克 · 戴维斯曾专门征集了210对不同年龄段的双胞胎进行研究。结果显示，同卵双胞胎的免疫系统存在显著差异，而且年龄越小的双胞胎免疫系统的相似性越大，反之则差异越大。这说明，在成长过程中，双胞胎各自接触的环境越来越不相同，使之免疫系统的差异日趋增大。

⊕ 睡眠

高质量的睡眠有助于免疫功能的恢复和提高。对此，美国佛罗里达大学的免疫学家贝里·达比教授研究小组专门做了研究。他们发现人在睡眠时，T细胞和B细胞数目都会明显增多，而这两种淋巴细胞正是免疫系统的核心力量，这也就意味着，优质的睡眠是可以增强免疫力的。

相反，长期熬夜睡眠不足的人，他的免疫细胞数目和活性都会降低，其患病的概率也会大大增加。

⊕ 吸烟

流行病学调查表明，吸烟是多种呼吸道疾病和癌症的致病因素之一。吸烟会使呼吸道黏膜上的纤毛受损，降低纤毛的清除功能；香烟中的多种有毒物质有很强的致癌性，而烟雾中的一氧化碳又会降低血红蛋白的携氧量，降低自然杀伤细胞的活性，使之不能及时清除变异细胞，导致患癌风险大大增加。另外，吸烟还会损害人体的各种组织器官，抑制免疫系统，降低免疫力。

吸烟会降低免疫力，烟民患感染病、癌症的概率是普通人的3倍

免疫力低下，疾病容易找上门

当免疫系统正常运行的时候，它能够帮助我们抵御细菌、病毒等微生物和癌细胞的攻击，但是，一旦免疫系统受损或免疫力下降，人体抵抗各种疾病的能力就会降低，微生物和癌细胞就会乘虚而入，疾病便很容易随之而来。

⊕ 免疫力低下的六个信号

信号1 平时总感觉疲劳，做什么事都提不起劲、没精神，体检也查不出器质性的病变。

信号2 经常感冒，尤其在季节交替温度骤变的时候更容易感冒，且感冒以后还不容易好，反反复复。

信号3 容易被感染，扁桃体炎、咽喉炎、支气管炎、肺炎等反复发作。

信号4 皮肤受伤后不容易愈合，伤口还容易感染，出现红肿、流脓现象。

信号5　肠胃功能弱，稍微吃得多一点儿就不消化。同样的食物，别人吃了没事儿，自己吃了就上吐下泻。

信号6　有哮喘的人，哮喘反复发作。

⊕ 免疫力低下容易导致的疾病

免疫力低下

生殖系统疾病
如尿路感染、前列腺炎、膀胱炎等，病原体会通过尿道侵入，导致感染。

肾脏疾病
如慢性肾炎等，使肾组织发生炎性改变，引起不同程度的肾功能减退。

呼吸道疾病
如鼻炎、咽炎、哮喘、支气管炎、口腔溃疡等，细菌、病毒从口鼻入侵呼吸道引发一系列感染。

皮肤病
如痤疮、湿疹、皮肤溃烂等，是皮肤的防御功能减弱所致。

消化系统疾病
如胃炎、肠炎、秋季腹泻、病毒性肝炎等。

癌症
免疫力低下，不能及时去除癌细胞，使其过多增殖所致。

妇科炎症
如阴道炎、盆腔炎、附件炎等，细菌从外阴入侵，逆行感染所致。

测一测你的免疫力水平

想知道自己的免疫力水平怎么样吗？不妨认真回答下列问题，给自己做个测试吧！

问题	是	否
1. 经常感冒（一年 4 次以上）。	0 分	1 分
2. 做一点事情就感觉很累，特别容易疲劳。	0 分	1 分
3. 很怕冷，经常后背发凉、四肢冰冷。	0 分	1 分
4. 喜欢宅在家里看书、看电视或玩手机，偶尔才出去散步。	0 分	1 分
5. 除了家人外，很少与人交流，朋友也很少。	0 分	1 分
6. 工作很紧张，压力很大，家务活也很繁重。	0 分	1 分
7. 夜间很难入睡，有点动静就会醒，而白天哈欠连天，没精神。	0 分	1 分
8. 经常口腔溃疡，或者身体上总出现小红疹或小疖肿。	0 分	1 分
9. 有点小毛病就得吃药才能好。	0 分	1 分
10. 食欲很差，总感觉嘴里没滋味。	0 分	1 分
11. 吸烟。	0 分	1 分
12. 每天都能吃 5 种以上的蔬菜和水果。	1 分	0 分
13. 每天喝足够多的水。	1 分	0 分
14. 会控制饮酒量，每次只适量地喝一小杯。	1 分	0 分
15. 很注意自己的体形。	1 分	0 分
16. 坚持每周 3~5 次的体育运动。	1 分	0 分
17. 和家人感情很好，感觉家庭生活很幸福。	1 分	0 分
18. 心态很好，从不因琐碎小事而影响心情，并能抽时间放松自己。	1 分	0 分

测试结果：

●0–6分：说明你的免疫力很差，需要向医生咨询科学提高免疫力的方法，并采取措施。

●7–12分：说明你的免疫力已经开始下降了，应尽快改变生活方式和饮食习惯，坚持运动，让免疫力逐步恢复。

●13–18分：说明你的免疫力很强，即使有一些小病，也能很快恢复，请继续保持健康的生活方式。

正本清源，这些关于免疫力的认识误区要避免

误区一：免疫力越高越好

免疫力低容易得病，所以很多人就认为，免疫力越高越好。其实不然，免疫力如果过高，同样会对人体造成伤害，主要表现在两方面：

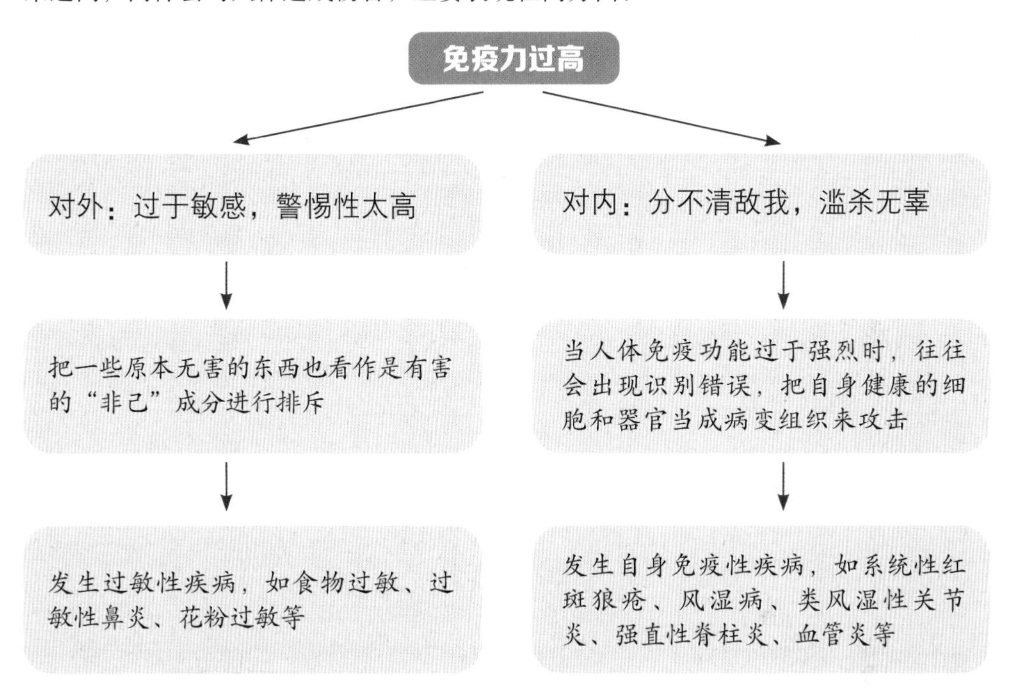

所以，人体的免疫力过高和过低都不好，只有处在一个平衡的状态，且有比较强的自我调节能力的免疫功能才是正常的，这样才能更好地维持身体的健康。

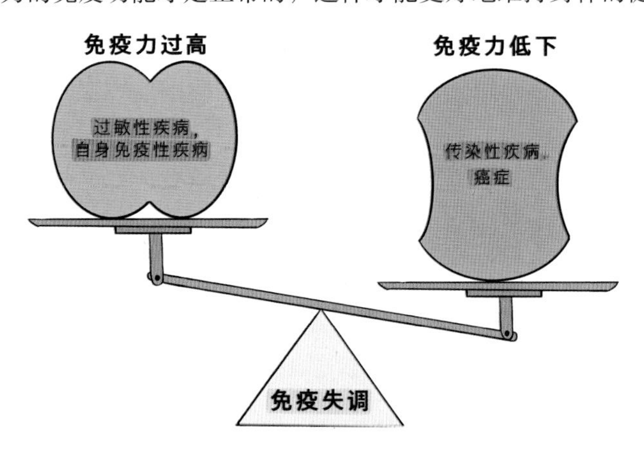

⊕ 误区二：免疫力强就是不得病

强大的免疫力能够帮助人体抵抗细菌、病毒的侵害，当有“外敌”入侵时，免疫系统可以及时做出反应，把“外敌”赶走或杀死，但并不意味着一定不生病。比如最常见的感冒，有些人不用吃药，5~7天就可以自愈，有些人症状轻微，2~3天就好了，并且在一段时间内都不会再得感冒，这就是免疫力强的表现。所以，只有正确地认识免疫力，才能更好地保护我们的健康。

⊕ 误区三：吃提高免疫功能的药物或保健品能提高免疫力

目前市场上有很多宣称可以提升免疫力的药物或保健品，这些大多是营销的噱头，它们被夸大宣传了，其实吃这些东西对提高免疫力并没有多大的作用。而那些通过国家相关部门检验的具备“提升免疫力”功能的正规药物和保健品，适用的对象是“免疫功能低下者”。所以，用不用吃这些药物或保健品，关键看你的免疫功能是否低下，如果经过医院检查，免疫力确实低，那你就可以在医生的指导下，服用一些药物或保健品来辅助提高免疫力。

如果你身体健康，则没必要服用这类药物或保健品，因为即使是营养物质也并非吃得越多越好，比如最常见的补充钙铁锌的保健品，如果身体内不缺这些营养素，盲目补充的话，反而会打破营养素之间的平衡，损害身体健康。

⊕ 误区四：得了感冒、发热等小病要积极治疗

有些人得了感冒之后马上吃药，甚至打针、输液，认为这样可以快点好。其实，有时候用药越多，免疫力越差。因为人体的免疫力除了有先天性免疫外，还有获得性免疫，而后者的形成和提高离不开环境中各种病原体的刺激。因为免疫系统和病原体“见过面”，身体才能认识它，以后才会做出防御反应。

一感冒就吃药会让免疫力下降

如果在感冒发热之后立马用药物压制病情，治疗得过于积极，往往使免疫系统还没来得及启动，病原体就被杀死了，免疫系统没有得到锻炼，作战能力自然会降低。这也是为什么有些人打针、输液越多，越容易反复感冒的原因。所以，一般的感冒、发热没必要过于积极地用药治疗，我们可以通过一些提高免疫力的方法来增强抵抗力，这样更有利于身体的健康。

⊕ 误区五：家里越干净，越不容易生病

有些人总以为家里越干净越好，尤其是一些有孩子的家长，为了让孩子少生病，每天都用清洁剂、消毒水来清洗、消毒。但正所谓“过犹不及”，家里过于干净，免疫系统接触不到病原体，无法在正常的环境中进行锻炼，容易变得“好坏不分”，反而使孩子对很多物质过敏。

让孩子适度接触些细菌反而对免疫系统的发育有利

1989年，英国流行病学家戴维·斯特罗恩在《不列颠医学杂志》上就曾提出了“卫生假说”的理论，认为儿童时期感染的机会越多，过敏性疾病发生的概率就越小。很多免疫学家和流行病学家基于此做了大量的研究，这一理论获得了流行病学数据的支持。所以说，太追求干净对免疫系统的完善来说并不是好事儿，家居卫生适度即可。

⊕ 误区六：接种疫苗就一定能提高免疫力

接种疫苗是形成获得性免疫的方法之一，但疫苗只对单一病种有效，对其他疾病不会产生效果，比如流感疫苗只能预防流感病毒引起的感冒，其他原因引起的感冒就不能预防了。而且，即使接种了疫苗，也不能保证100%不会生病，因为没有一种疫苗的保护率是100%的，大多数常规使用的疫苗保护率为85%~95%，再加上每个人都有个体差异，所以并不是都能免疫成功。

还有更重要的一点：一定要正确接种疫苗，才可能使人体内产生抗体，否则很可能会起到相反的作用，甚至降低免疫力。

⊕ 误区七：运动越多，免疫力越强

运动过少会使免疫力降低，那运动越多免疫力就越强吗？当然不是。运动免疫学家曾对此进行过调查和研究，结果显示高强度运动后免疫功能急剧下降的现象会持续6~9小时，这时人体更容易被病毒入侵而导致呼吸道感染，这也就是所谓的“开窗理论”。

比如2012年伦敦奥运会的时候，据统计大概有41%的运动员患上了呼吸道疾病，原因就是他们运动强度过高。

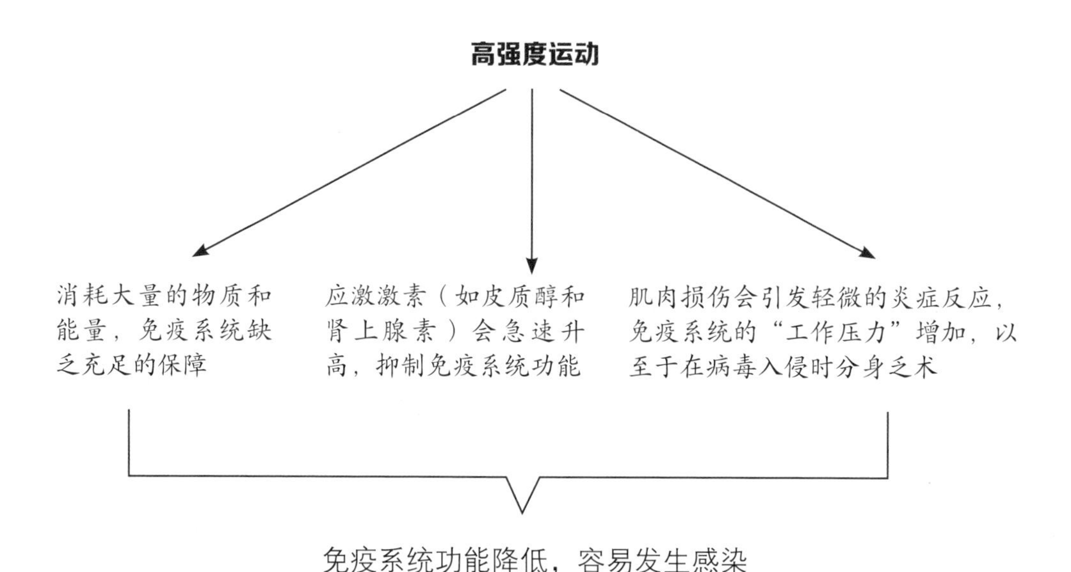

所以说，运动与免疫力的提升并不是一个完全的正相关关系，运动量太少或运动强度太大都不利于免疫系统能力的提高，只有长期保持中等运动强度的锻炼，才最有利于保持免疫系统的平衡和活力。

第二部分

科学提高免疫力，增强体质少生病

现代人生活、工作压力大，加上采取不健康的生活方式，例如经常熬夜、饮食不规律、精神焦虑等，就可能会造成免疫力低下，也就给了疾病乘虚而入的机会。于是，很多人开始想方设法提高免疫力，结果却不太理想，原因就是缺乏对免疫力的正确认识，用错了方法。这一章将教大家如何科学提高免疫力，从根本上增强体质，减少疾病的发生。

饮食健康，营养均衡，免疫力就强

为身体提供健康的饮食、均衡的营养是提高免疫力的重要方法。也可以说，只有一个人摄入的营养素充足、均衡，免疫力才可能会足够强大。那么，如何安排日常饮食才能实现营养均衡的目标，从而增强免疫力呢?

坚持健康的饮食原则

食物多样，谷类为主

除母乳外，任何一种天然食物都不能提供人体所需的全部营养素，因此我们必须尽可能多地增加摄入食物的种类，建议每人每天摄入12种以上的食物，每周摄入25种以上的食物，以达到营养合理、增强免疫力的目的。

而在所有食物种类中，应以谷类食物为主，包括大米、玉米、小麦、高粱等。还可多吃些红薯、马铃薯等薯类食物，以及绿豆、红豆等豆类食物。谷类、薯类、豆类食物均富含碳水化合物，是能量的主要来源。

每人每天应摄入全谷物和杂豆类50~150克，薯类50~100克

多吃新鲜蔬菜和水果

新鲜蔬果富含维生素、矿物质、膳食纤维和多种植物化学物质，平时应该多吃一些。在选择蔬菜的时候，建议多选择深绿色、深黄色、紫色、红色等颜色深的蔬菜。水果最好选择新鲜的应季水果，不能用果汁代替鲜果。

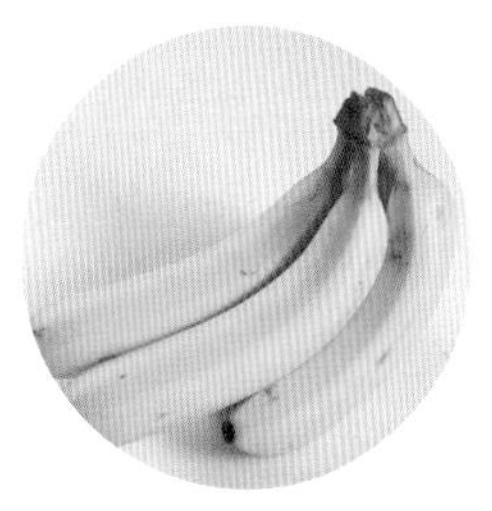

每人每天应摄入蔬菜300～500克，深色蔬菜应占1/2；摄入新鲜水果200～350克

⊗ 每天吃奶类、豆类和坚果类食物

奶类是优质蛋白质和天然钙质的极好来源；豆类、坚果类食物富含优质植物蛋白质、不饱和脂肪酸、钙及维生素B族等营养素。每天吃一些，对提高免疫力很有益。

每人每天应摄入奶300克，大豆、坚果各25~35克

⊗ 常吃适量的海鲜、蛋类、畜禽肉

这些食物是动物性蛋白质、脂溶性维生素和矿物质的良好来源。但要注意，动物内脏中胆固醇含量较高，不宜过多食用；烟熏、腌制肉制品也要少吃。另外，要坚决拒绝野味，不吃野生动物。

每人每天应摄入海鲜、畜禽肉各40~75克，蛋40~50克

⊗ 饮食清淡，少油少盐，控糖限酒

日常饮食不要太油腻，不要太咸或太甜。肥肉、荤油，油炸、烟熏、腌制类食品，糕点、果脯、含糖饮料等高脂、高盐、高糖食物也要少吃。另外，饮酒要适度。

每人每天烹调油摄入量不超过30克，食盐不超过6克，
糖不超过50克，酒精不超过25克

补充充足的水分

水是一切生命的基础。水参与体内很多的生理活动，维持人体体温的恒定。健康成人每日补水量可根据体重来计算，一般每天每千克体重需补水40毫升（每人每天6~8杯水）。饮水最好喝白开水，要少量多次地喝，不要等到感觉口渴时再喝。此外，在高温环境、参加重体力劳动、进行大运动量锻炼等情况下，应适当增加喝水的量。

适当补充有助于提高免疫力的营养素

在保证食物多样、营养均衡的前提下，大家还可以适量补充一些有助于提高免疫力的营养素，这对增强人体的抗病能力有一定帮助。

营养素	功效	每日推荐摄入量	主要食物来源
蛋白质	是构成细胞的基本有机物质，是抗体形成的基础。蛋白质摄入充足，有助于合成抗体	55~65 克	畜瘦肉、禽肉、鱼、虾、蛋白、大豆及豆制品、奶等
维生素 A	维持皮肤黏膜的完整性，保证人体第一道防线的防御功能正常进行，同时促进抗体和免疫因子的产生	700~800 微克	动物的肝脏、蛋黄、奶、鱼肝油等动物性食物，西蓝花、胡萝卜、菠菜等深色蔬菜，杧果、柑橘、枇杷等橘黄色水果
维生素 C	帮助还原蛋白质，进而合成抗体，是抗体形成的“催化剂”	100 毫克	新鲜叶类蔬菜、辣椒、菜椒、西蓝花、番茄及各种酸味水果
维生素 E	影响机体免疫状态，是免疫力的调节剂	14 毫克	植物油、坚果、豆类、谷胚等
铁	构成血红蛋白，参与细胞氧气与二氧化碳的转运，是抗体形成的有力后盾	12~20 毫克	动物肝脏、动物全血、畜瘦肉、鱼类等
锌	促进免疫器官胸腺的发育，使其正常分化T细胞，增强人体免疫力	7.5~12.5 毫克	贝壳类海产品、鱼、畜瘦肉、动物内脏、菌菇、坚果等
硒	免疫细胞的组成部分，维持机体正常的免疫功能	60 微克	动物肝脏、海产品、畜瘦肉及富硒谷物等

不可忽视的坚果力量

日常生活中，我们经常把坚果视作零食，这种观念是时候更正一下了，坚果可作为每日营养必需品。坚果可为人体提供蛋白质、不饱和脂肪酸、维生素等人体必需的营养成分，是均衡营养的优质食品。《美国心脏协会杂志》的一项研究证明，经常吃坚果有助于降低心血管疾病的发生率，食用含坚果的饮食也有助于预防心血管疾病。

⊕ 坚果为什么能提高机体免疫力？

坚果中富含多种不饱和脂肪酸，如亚油酸、α-亚麻酸和花生四烯酸，这些营养素对提高机体免疫力有重要作用。

1. 亚油酸：食用富含亚油酸的食物，能控制体内n-6不饱和脂肪酸含量和n-3不饱和脂肪酸含量平衡，从而保证体内生理活动平衡和身体正常发育。
2. α-亚麻酸：能有效改善风湿性关节炎和炎症性肠道疾病，并防止感染，从而提高免疫力。
3. 花生四烯酸：其本身并不能提高免疫力，但是它能通过参与体内反应产生抑制炎症和调节免疫的细胞，以此来提高免疫力。

⊕ 怎样正确吃坚果？

吃坚果虽然能够帮助提高免疫力，但也不宜大量摄入，否则容易摄入过多的脂肪，反而对健康不利。所以，大家要学会正确吃坚果。

1. 适量吃。《中国居民膳食指南》（2016）中建议：每人每周摄入坚果50~70克。差不多相当于每天吃10克的坚果，也就是一小把的量。
2. 搭配吃。每种坚果含有的营养物质存在差异，单吃一种坚果只能补充部分营养成分，因此，建议将几种坚果搭配吃，营养更全面。目前市面上流行的“每日坚果”就是很不错的选择。

⊕ 挑选坚果的小窍门

1. 选择原味坚果，尽量不要选择用油脂、食盐或糖等加工过的坚果。
2. 坚果的不饱和脂肪酸容易氧化出现哈喇味，导致营养流失，切记选择新鲜的产品。
3. 建议选择小包装的产品，新鲜卫生，更容易控制摄入量。
4. 购买散装坚果，宜选择形状圆润饱满、不干瘪、无虫蛀、无哈喇味的。

保证充足的睡眠有利于提升免疫力

充足的睡眠是维持健康、提升免疫力的有效保障，国际上将每年的3月21日定为“世界睡眠日”，保证每天优质充足的睡眠非常重要。

不同年龄段要睡多久？

年龄	睡眠时间
新生儿	18~20 小时
1~4 个月	14~16 小时
5~12 个月	12~16 小时
1~2 岁	12~14 小时
3~5 岁	11~13 小时
6~12 岁	10 小时
13~17 岁	9 小时
18~30 岁	7~8 小时
31~70 岁	6~7 小时
71 岁以上	5~7 小时

注意啦！

人的睡眠时间并不是越长越好，如果想用增加睡眠时间来获得健康体质，那反而会适得其反——免疫力降低，增加患病概率。

提高睡眠质量同样重要

优质的睡眠，除了要保证睡眠时间外，更重要的是提高睡眠质量，高质量的睡眠由睡眠深度和状态决定。睡眠医学认为，睡眠过程由多个睡眠周期组成，每个睡眠周期都分为五个不同阶段：

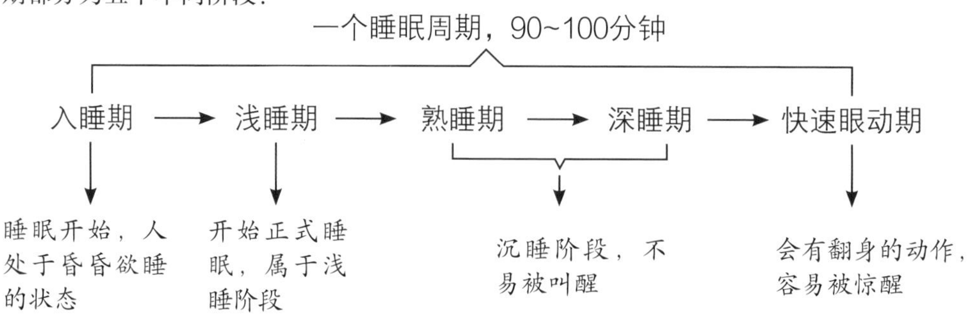

一夜通常有4~5个睡眠周期，只有保证好这4~5个周期的深度睡眠，人体的生理机能才能得到充分的修复，免疫系统也才能够得到加强。

怎么才能保证深度睡眠呢？以下几点建议可供参考。

1. 准备舒适的寝具，如床垫软硬适中，枕头软硬、高度要适宜，被子薄厚适度等。
2. 保持卧室安静，温度、湿度、光线适宜，不要开灯睡觉；睡觉之前可适当开窗通风，保持空气新鲜。
3. 晚餐饮食清淡，尽量少吃或不吃肥甘厚腻、辛辣刺激的食物。睡前2小时不喝浓茶、咖啡或含酒精的饮品。
4. 早睡早起，晚上10点睡觉，最晚不超过11点，周末和休息日也应如此。
5. 坚持睡前的习惯性活动，比如散散步、喝杯牛奶、洗澡、热水泡脚等。
6. 睡前不进行剧烈的运动，如要锻炼身体，宜在睡前4小时进行。
7. 身心放松，不要带着情绪或问题入睡。
8. 睡觉的姿势以右侧卧为最佳，可使身体得到充分放松，消除疲劳。

免疫知识链接：怎么判断睡眠是否充足？

1. 早上不需要闹钟，能自然醒来。
2. 白天工作、学习、活动时精力充沛，不觉得疲劳，效率高。
3. 白天工作或学习思维敏捷，注意力集中，记忆力、理解力强，语言表达清楚明了。
4. 食欲好，吃饭时津津有味，饭后不犯困。
5. 白天心情好，能控制自己的情绪，不易烦躁或发脾气。
6. 不容易生病，身体素质好。

⊕ 这三个睡眠误区要避免

误区一：平时熬夜，周末狂睡

周末睡得再多，也补不回来缺失的睡眠。只有每天都保证充足的睡眠，才可以使大脑维持稳定的生物节律，有益身心，从而提升免疫力。

误区二：晚上通宵，中午多睡会儿

平时中午小睡片刻，有助于缓解上午的疲劳，恢复体力和精力，但午睡以半小时为宜，如果睡觉的时间太长，反而会影响晚上的睡眠，打乱生物钟。

误区三：晚上睡得少，公交、地铁、飞机上补回来

只有深度睡眠才能充分消除疲劳，修复身体机能。在公交、地铁或飞机上睡觉，容易受到各种因素的干扰，是浅睡眠，这种浅睡眠不但不能缓解疲劳，反而容易使人腰酸腿疼、头昏乏力。

适当运动能增强体质，提升免疫力

适当运动，是提高免疫力的有效途径。那怎样运动才算适当呢？通常要考虑以下三点。

⊕ 每天运动多长时间？

《中国居民膳食指南》（2016）中建议，成人每天应进行相当于快步走6000步以上的身体活动，每周至少应进行5天，累计150分钟以上。大家可根据这个标准来选择运动项目，安排运动时间。

相当于快步走6000步的活动 ＝

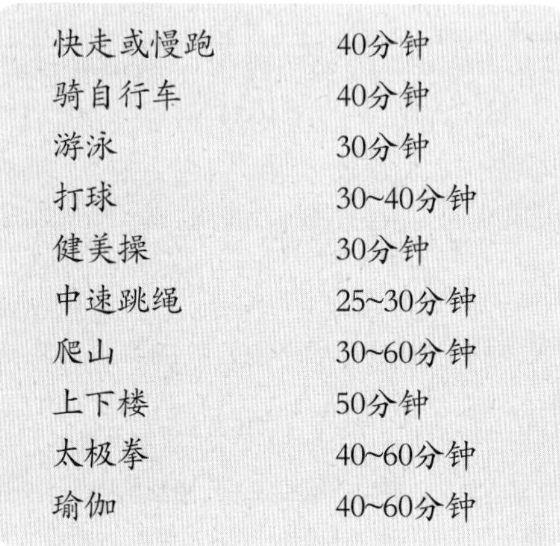

快走或慢跑	40分钟
骑自行车	40分钟
游泳	30分钟
打球	30~40分钟
健美操	30分钟
中速跳绳	25~30分钟
爬山	30~60分钟
上下楼	50分钟
太极拳	40~60分钟
瑜伽	40~60分钟

⊕ 运动强度要适宜

适宜强度的运动能有效提高身体机能，增强体质，也可以让运动更安全，因此建议普通健康人群选择中等运动强度即可。

中等运动强度

- 心率：最高心率（220－年龄）的60%~80%。
- 需要用力但仍可以在活动时轻松讲话。
- 主观感觉：有些累，全身发热，微微出汗，没有心慌、胸闷等现象，精神、睡眠、食欲都好，心情愉悦。

⊕ 运动一定要长期坚持

做运动要长期坚持，才能达到提高免疫力的目的。如果间隔时间太长，上一次的运动效果已经消失了，每一次运动就会重新开始提升免疫力。所以，建议大家选择适宜的运动项目，并坚持下去，这样才能真正达到提高免疫力、促进健康的目的。

补充益生菌，快速提高免疫力

什么是益生菌？

益生菌是一类有利于人体健康的活性微生物，主要在肠道内聚集。健康的肠黏膜和平衡的肠道菌群是免疫系统正常运行所必需的。益生菌的作用具有菌株特异性，不同的菌株可能具有不同的健康作用，比如罗伊氏乳杆菌DSM17938在免疫调节方面具有突出表现。

益生菌是如何提高免疫力的？

我们知道，母乳喂养的婴儿具有更多样化的微生物群，其中有益菌更多，致病菌更少。罗伊氏乳杆菌DSM17938是从人类母乳中分离出来的，是人类消化道固有的微生物，是有史以来与人类共同进化的少数细菌之一。它主要从以下方面提升免疫力：

1. 通过收紧上皮屏障来加强黏膜的完整性，提高免疫应答。
2. 平衡免疫，降低潜在的过敏风险。
3. 影响儿童胃肠道健康，预防儿童感染。
4. 促进其他有益菌的生长，抑制病原体。

如何选择益生菌产品？

1. 选择标签上标有明确的益生菌菌株编号的益生菌，作用更明确。
2. 选择获得过相对充分的临床研究验证的益生菌菌株。
3. 选择有控温冷链存储和配送的益生菌产品，活性更有保证。
4. 优先选择官方允许用于婴幼儿的“上榜”菌株，安全性更有保证，如罗伊氏乳杆菌。

益生菌产品该如何服用？

1. 服用益生菌产品前后半小时内避免饮用或食用过热（超过40℃）的水或食物。
2. 如果在同时服用抗生素类药物，需要与服用益生菌的时间间隔至少2小时。
3. 当把益生菌加入低于40℃的水、奶粉或食物中混合服用时，需尽量一次性服用完，因益生菌接触水后，其活性会大打折扣。

正确接种疫苗，提升获得性免疫

预防接种是促进婴幼儿免疫成熟的最好方法。对成年人来说，接种疫苗可以促使其免疫系统产生相应的抗体，有助于提升对特定疾病的免疫力。

⊕ 疫苗的种类

疫苗的种类	特点	主要疫苗
一类疫苗（计划免疫类疫苗）	免费，国家规定的必须接种的疫苗	乙肝疫苗、卡介苗、脊灰疫苗、百白破疫苗、麻风疫苗、乙脑减毒活疫苗、A群流脑疫苗、A+C群流脑疫苗、甲肝减毒活疫苗等
二类疫苗	自费，自愿接种	肺炎球菌结合疫苗、轮状病毒疫苗、流感疫苗、HIB疫苗、EV71型肠道病毒疫苗、水痘疫苗、狂犬病疫苗、HPV疫苗等

⊕ 接种疫苗后的常见不良反应与护理方法

不良反应	护理方法
发热	· 体温＜38.5℃，多饮水，用物理降温法降温 · 体温≥38.5℃，服退热药，如泰诺林、美林等
接种部位出现红、肿、热、痛等炎性反应	· 程度较轻者：衣物宜洁净柔软，勤换洗，不要用手抓，一般3天内即可消退 · 比较严重者：立即就医治疗
接种部位皮下出现硬块，按压无明显痛感	· 头三天：在硬块处放上洁净干燥的小毛巾，再在毛巾上放冰袋冷敷，每天2~3次，每次10~15分钟，可减少局部充血肿胀 · 第四天开始：在毛巾上面放热水袋进行热敷，每天2~3次，每次10~15分钟
皮疹	保证皮肤清洁，避免刺激，大多可以在数天内自行消失，一般不需要治疗处理
接种卡介苗后出现破溃、流脓	家长只要用清水给宝宝擦拭患处，再蘸干即可，不需其他特殊处理

（续表）

不良反应	护理方法
腹泻、腹胀、食欲不振等症状	注意饮食清淡，并保证充分摄入营养
严重过敏，如颜面潮红、水肿、荨麻疹、瘙痒、口腔或喉头水肿、气喘、呼吸困难等	平卧，抬高下肢，就近就医进行抢救，并且向接种单位进行报告

⊕ 哪些人不宜进行免疫接种?

1. 发热的人。
2. 患急性或慢性严重疾病者，比如结核病、肾脏病、心脏病、脑部疾患等。
3. 过敏体质或有过敏史的人。
4. 患有免疫缺陷病、接受免疫抑制剂治疗的人。
5. 妊娠期的女性。
6. 有癫痫、惊厥或神经系统疾病者。
7. 患急性传染病（包括恢复期）者。

⊕ 疫苗知识问答

问 进口疫苗好还是国产疫苗好?

答 国内外疫苗在生产过程中都遵循同样的标准，差别不大。但由于菌株不同，有的进口疫苗安全性确实要好一些。不过，有些进口疫苗虽属于一类疫苗，但需要自费接种，价格较贵，大家可根据自己的情况自行决定。

问 不同的疫苗能同时接种吗?

答 通常情况下，一人一次最多可以打两种疫苗，而且应当打在不同的肢体上。为避免疫苗接种后出现疑似不良反应，一类疫苗与二类疫苗不建议同时接种，两种疫苗的接种时间应间隔至少15天。

问 生病了，错过疫苗接种怎么办?

答 虽然每种疫苗的接种时间都是安排好的，但遇到生病的情况就要特殊对待，一般在病好后2周内去补打疫苗就可以了，稍微推迟几天接种并没有什么不良影响。

用积极乐观的心态修复、提升免疫力

心态积极乐观的人，往往情绪都比较稳定，也会选择健康的生活方式，用正确的方法缓解生活和工作中的压力。研究表明，免疫系统会受到思想和情绪的暗示，在良性情绪的刺激下，免疫系统始终处于良好的状态，有助于抵御病毒和细菌侵袭。那应该如何培养积极乐观的心态呢?

不生怨气、闲气、闷气

对一些人或事没必要总是抱怨或心生怨恨，多站在对方角度想一想，也许心里就会好很多；对日常工作、生活中的无关原则的小问题没必要生闲气，一笑了之即可；对令自己不高兴的事情更没必要生闷气，及时说出来，事情解决了、说开了，心里也就痛快了。心中没有“三气”，心态自然豁达、开朗。

难得糊涂

在处理家庭问题、生活琐事以及为人处世上，多一点“糊涂”，少一点执拗，不要在小事上斤斤计较，以免让自己情绪波动，身心疲惫，这样我们才能保持心境平和、放松。

知足常乐

豁达地面对人生的得失，养成从容不迫的生活态度，工作认真、上进，生活上不攀比，自己认为可以了便知足，这样才能提升幸福感，保持稳定的情绪，提升免疫力。

到大自然中去

当感觉心情烦闷、焦虑、压抑时，可以到户外散步，或利用节假日到风景名胜区去旅游散心、爬山登高，欣赏一下大自然的美景，心情自然开朗，从而使免疫系统得到修复。

培养兴趣爱好

一些退休的老年人，突然闲下来，无所事事，容易情绪失衡，所以培养自己的兴趣爱好很有必要，如养花、喂鸟、垂钓、学书法、听音乐、绘画、唱歌等。这样既可以转移注意力，排遣不良情绪，又可以陶冶性情，使自己精神愉快，保持良好的心态，让免疫系统健康运转。

第三部分
黄金食材巧制作，轻松吃出免疫力

提高免疫力所必需的营养素主要来源于我们日常所吃的食物，为了帮助大家更有效地补充这些营养素，我们精心挑选了几十种有益于增强免疫力的常见食材，并将这些食材进行分类和科学搭配，详细讲解每一道菜的制作方法。这些菜肴制作简单，营养美味，是非常适宜居家食用的增强免疫力的菜肴。

椰香糯米饭

主料

椰子1个
糯米200克

辅料

椰肉30克
红枣30克
熟玉米粒20克
南瓜饼1块

调料

冬瓜糖3块
白糖2大匙

计量单位换算
1小匙≈3克≈3毫升
1大匙≈15克≈15毫升

制作方法

1.糯米淘洗干净，用清水浸泡2小时，捞出沥干。

2.用砍刀去掉椰子顶部的硬壳，倒出椰子汁。再用削皮刀削至露出椰肉，将椰肉取出，壳留用。

3.椰肉切成小块；红枣切成两半，去核；冬瓜糖切成片；南瓜饼切成条状。以上材料加入熟玉米粒混合均匀，再剁成小粒。

4.将步骤3的材料加入糯米中，再加入白糖拌匀，装入椰壳内，倒入椰子汁。

5.盖上锅盖，上笼蒸4小时，取出晾凉。

营养功效

此饭可补充蛋白质、维生素A、维生素C、锌等多种可提升免疫力的营养素，可促进抗体形成，调节人体免疫功能。

桂花糯米藕

- 主 料 -

莲藕1节
糯米100克

- 辅 料 -

糖桂花2小匙

- 调 料 -

冰糖2大匙
红曲米1小匙

制作方法

1.糯米淘洗干净，用清水浸泡12小时。

2.莲藕洗净去皮，从两侧离藕节约3厘米处切开，用清水反复洗净藕孔，控干。

3.将泡好的糯米灌入藕孔内。

4.盖上切下来的藕节，用牙签固定好。

5.锅置火上，加入适量清水烧开，放入藕节，加入冰糖和1小匙糖桂花，加入红曲米，大火烧开，小火煮约40分钟，熄火晾凉。

6.捞出藕节，切片装盘，淋上剩余的糖桂花即成。

营养功效

桂花糯米藕软糯弹牙，桂花香味馥郁，可以提升食欲。而莲藕富含维生素C以及钾、钙、铁、锰等矿物质，有助于提高机体免疫力。

奶香木瓜饭

– 主 料 –

大米100克
紫米100克
木瓜1个

– 辅 料 –

牛奶200毫升
猕猴桃肉50克
火龙果肉50克
菠萝肉50克

– 调 料 –

白糖1大匙
水淀粉2小匙
盐1/3小匙

制作方法

1.将大米和紫米均淘洗干净，放入盆内，倒入一半牛奶和1杯清水浸泡2小时，上笼蒸30分钟成双米饭。

2.猕猴桃肉、火龙果肉和菠萝肉分别切成小丁。

3.木瓜洗净，顺长对半剖开，去籽后装入蒸好的双米饭，撒上步骤2中的水果丁。

4.锅内倒入剩余的牛奶煮沸，加入盐和白糖调味，勾水淀粉成玻璃芡。

5.起锅浇在双米饭上即成。

营养功效

大米富含碳水化合物，配合富含蛋白质的牛奶、富含胡萝卜素和维生素C的木瓜，做出来的饭奶香浓郁、香甜软糯、营养丰富。

五米糊

－ 主 料 －

薏米30克
芡实30克
莲子30克
高粱米30克
红枣30克

制作方法：

将以上五种材料洗净后，先用清水浸泡10小时，用机器打成糊，再放入锅中煮熟即可。可以当早餐食用。

营养功效：

五米糊中的B族维生素含量非常丰富，对提升人体免疫力、促进新陈代谢有非常大的帮助。如果嫌制作过于麻烦，可购买现成的五珍粉，营养功效是一样的哦。

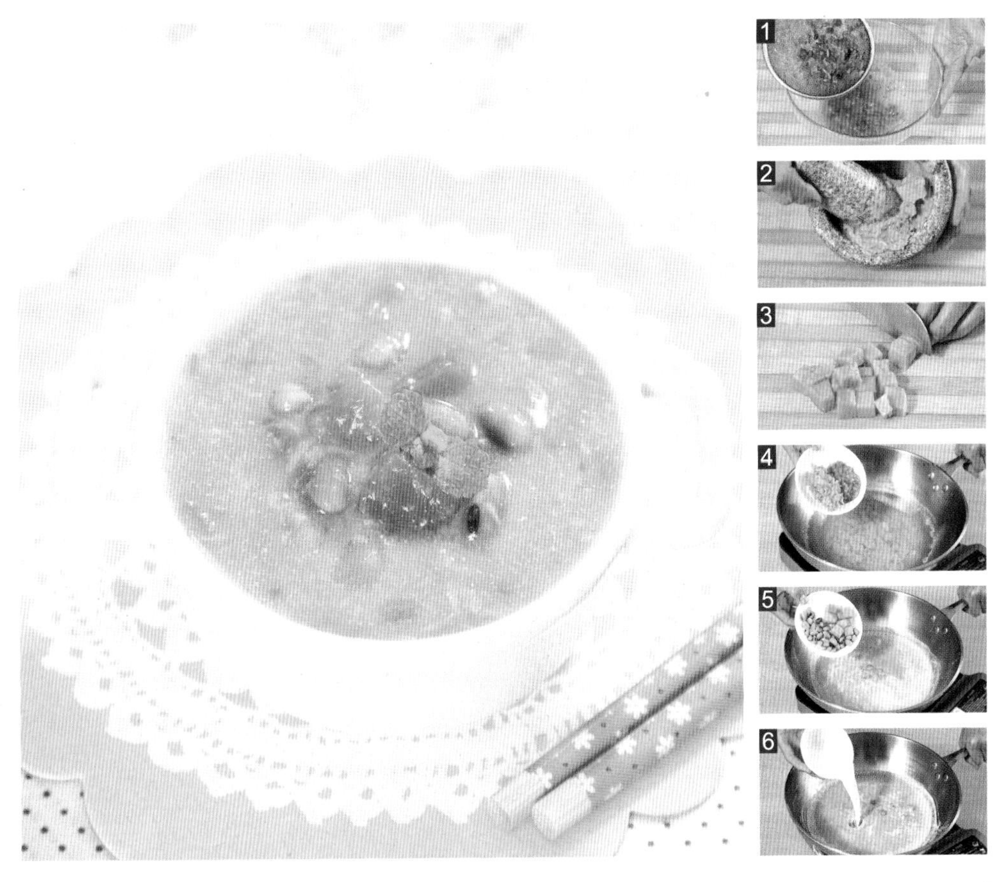

山楂红薯羹

— 主 料 —

鲜山楂150克
红薯150克

— 辅 料 —

木瓜肉50克
青豆15克

— 调 料 —

炼乳2大匙
水淀粉1大匙

制作方法：

1.鲜山楂洗净去蒂，煮熟后压成泥，去皮、去籽，过筛。
2.红薯洗净蒸熟，去皮，压成细泥。
3.木瓜肉切成小方丁；青豆放入沸水中略焯水。
4.锅置火上，倒入2杯清水煮沸，加入山楂泥和红薯泥搅匀，煮沸。
5.加入炼乳、青豆和木瓜丁稍煮。
6.用水淀粉勾芡，搅匀出锅即成。

营养功效：

山楂含有大量的维生素C，红薯含有蛋白质、淀粉、果胶以及多种矿物质，两者一起食用，可促进各种免疫因子的生成，有提高免疫力、增强体质的功效。

奶香紫薯面包

- 面团材料 -

高筋面粉150克
紫薯泥50克
（做法见步骤1）
清水65克
鸡蛋40克
砂糖15克
酵母粉（1/2+1/4）小匙
盐1/4小匙
黄油25克

- 紫薯馅材料 -

紫薯泥230克
（做法见步骤1）
细砂糖15克
甜炼乳10克
黄油（液态）20克
鲜奶15毫升

- 其他材料 -

白芝麻20克
蛋黄液1小匙
食用油1大匙

制作方法

1.将紫薯洗净煮熟，去皮，用网筛过滤成细泥。取280克备用 。
2.将50克紫薯泥与其余面团材料一起搅成面团，并揉搓至起薄膜。
3.面团放至涂油的盆内发酵约40分钟，至原体积2倍大。
4.将紫薯馅所有材料混合均匀后，捏成数个长橄榄形，备用。
5.发酵面团分成6份，松弛15分钟后擀成椭圆形面皮。将薯泥馅放在面皮中间，捏紧收口。
6.用细线将面团从中间勒开。
7.在面团截面刷上蛋黄液，再用擀面杖蘸水后蘸点白芝麻点在中心。
8.做好的生坯放在烤盘里，盖保鲜膜发酵20分钟，放入烤箱（200℃预热，上下火、180℃、中层）烤15~18分钟即可。

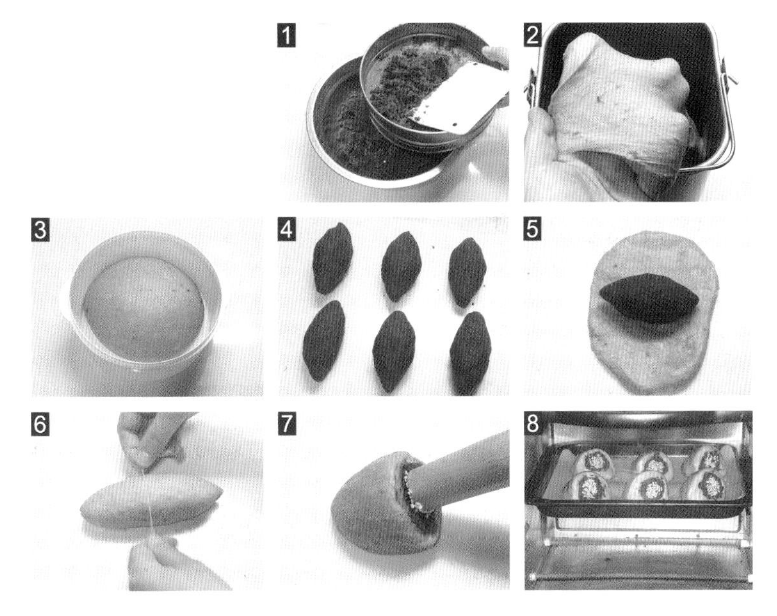

营养功效

此款面包薯香浓郁，可补充蛋白质、维生素、硒、花青素等多种有益于提升免疫力的营养素，可补充能量，增强抵抗力。

蜜糖紫薯百合

- 主 料 -

紫薯2个
鲜百合1袋

- 辅 料 -

桂花蜜4小匙
干桂花10克

制作方法

1.紫薯洗净去皮，切成宽条后放入冷水中煮开，大约10分钟后用筷子轻触至可变软即可。

2.煮好的紫薯迅速放入冷水中冷却，不要使其变软。

3.鲜百合放入开水中焯烫1分钟，颜色变雪白即可捞出。

4.将紫薯条层叠摆放成“井”字形，放入百合，浇入桂花蜜即可。

营养功效

紫薯含有钾、钙、铁、镁等有助于提高免疫力的矿物质，同时含有抗氧化物质——维生素C和花青素，可以抗疲劳、延缓衰老，提高免疫力。

山芹五花肉土豆条

－主 料－

芹菜150克
五花肉100克
土豆150克

－辅 料－

胡萝卜50克
大蒜2瓣
大葱1段

－调 料－

盐1/2小匙
生抽1/2小匙
花生油1大匙

制作方法

1.将胡萝卜洗净，去皮，切成条；土豆洗净，去皮，切成条，备用。
2.将芹菜洗净，切成段，备用。
3.将五花肉洗净，切成条，备用。
4.大蒜切成蒜片，大葱切成葱花。
5.锅中放入滚烫的沸水，放入土豆条、胡萝卜条焯水，捞出，冲凉，控水。
6.另起锅，放入适量花生油，放入葱花、蒜片爆香，放入五花肉煸炒，放入生抽调色。
7.放入胡萝卜条、土豆条、芹菜段煸炒，放入盐调味，煸炒至熟，装盘即可上桌。

营养功效

芹菜含有维生素C，配合富含蛋白质、铁的五花肉以及富含碳水化合物的土豆一起食用，荤素搭配，能量满满，有增强体质和提升机体免疫力的效果。

500mL ℮

香煎鱼薯饼

– 主 料 –

龙利鱼肉250克
土豆（中等大小）1个

– 辅 料 –

胡萝卜1/3个
柠檬1/2个
面包屑30克
蛋清20克

– 调 料 –

盐1/2小匙
胡椒粉1/4小匙
黑胡椒碎1/2小匙
橄榄油1大匙

制作方法

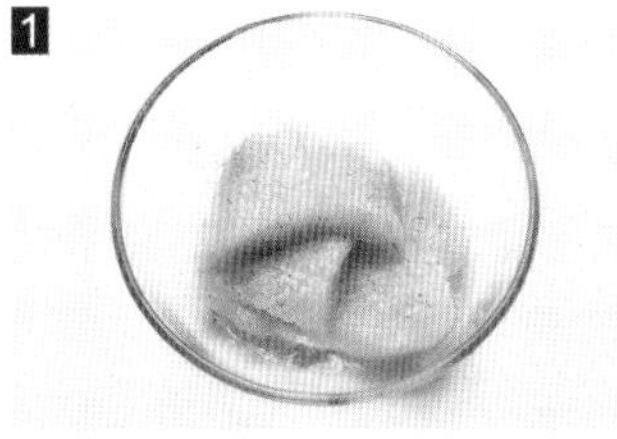

1.将龙利鱼肉切块，加入盐、胡椒粉抓匀，挤上柠檬汁腌渍入味。

2.土豆洗净去皮后蒸熟，用勺子压成土豆泥，待用。

3.锅中的水开时将鱼肉上屉，蒸5~8分钟至熟。

4.将鱼肉拆碎，胡萝卜洗净去皮切末，一同盛入碗中，再加盐、黑胡椒碎、蛋清和面包屑，拌匀。

5.将食材团成球，压成饼状，在两面均蘸上面包屑。锅中倒入橄榄油，将鱼薯饼放到锅中煎制。

6.待煎至两面金黄、焦香上色后盛出，配番茄酱或甜辣酱食用即可。

营养功效

蛋白质是构成人体的重要物质，也是形成抗体的基础物质，蛋白质摄入充足可增强免疫力。而龙利鱼和土豆中含有不同种类的蛋白质，两者同食可以提高蛋白质的吸收利用率。

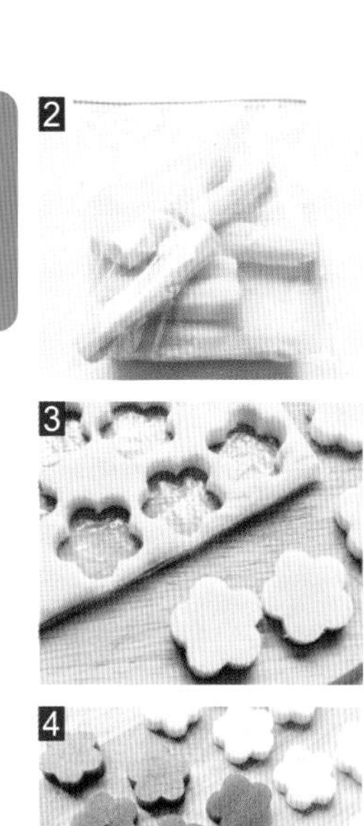

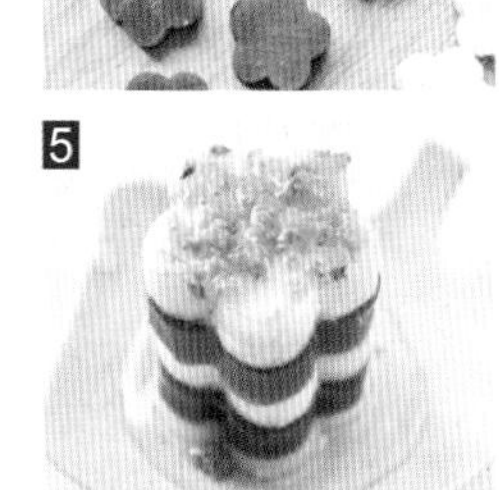

桂花山药小点

－主料－

铁棍山药1根

－辅料－

山楂糕150克
糖桂花3大匙

制作方法：

1.铁棍山药洗净，去皮，在清水中浸泡后，冲洗干净。
2.将山药上锅蒸20~30分钟，晾凉后放入密实的食品袋中，排净空气，将食品袋封口。
3.将山药用粗擀面杖擀压成泥，反复揉搓直至细滑，然后擀成厚薄均匀的山药面饼，用压模器将山药面饼压出花形。
4.将山楂糕切片，用压模器压出花形。
5.将山药片和山楂糕片交替叠放起来，浇上糖桂花调味即可。

营养功效：

这道点心清香、软糯，回味无穷。山药富含蛋白质，山楂中维生素C含量丰富，搭配食用，可促进抗体形成，提高人体免疫功能。

煎芹菜叶饼

－主料－

芹菜叶200克

－辅料－

胡萝卜150克
面粉100克
鸡蛋1个

－调料－

盐1/2小匙
花生油1/2大匙

制作方法：

1.将芹菜择叶，洗净。
2.把洗净的芹菜叶放入滚烫的沸水中焯水，捞出冲凉，控水。
3.将胡萝卜洗净，去皮，切丝，备用。
4.把胡萝卜丝、芹菜叶同放入一个盛器内，加入面粉。
5.打入1个鸡蛋，放入盐调味，搅拌均匀成稠糊状。
6.锅中放入花生油，将芹菜叶面糊放入锅中，摊成饼，煎熟后出锅装盘，即可食用。

营养功效：

芹菜叶中维生素C含量丰富，胡萝卜富含胡萝卜素，鸡蛋富含优质蛋白质，此饼可增强体质、抗病防癌。

香芹拌茄子

－主料－

长茄子1个
香芹叶20克

－辅料－

香菜末20克
大蒜末10克

－调料－

辣椒末1/2大匙
橄榄油1大匙
香醋2大匙
盐1/2小匙

制作方法：

1.香芹叶洗净，切碎。
2.长茄子洗净，切成1厘米厚的圆片，摆在烤盘上，放入烤箱中烤至微黄，取出。
3.烤好的茄子放入碗内，加盐调味。
4.碗中再放入香芹叶碎、辣椒末、大蒜末、橄榄油、香醋搅拌均匀，撒上香菜末即可。

营养功效：

茄子含有抗氧化物质花青素，以及芦丁和皂甙，其中芦丁可以提高血管舒张功能。香芹含有较多的生物活性物质和挥发性芳香物质，常吃有助于调节免疫功能，提高抵御疾病的能力。

茄子炒肉丁

– 主 料 –

猪肉150克
茄子200克

– 辅 料 –

蒜2瓣
姜1小块

– 调 料 –

豆瓣酱1小匙
盐1/2小匙
花生油1大匙

制作方法：

1.将猪肉、茄子均洗净，切成丁；蒜切片；姜洗净，切成末。
2.炒锅置火上，下入花生油烧热，放入蒜片、姜末爆锅。
3.下入猪肉丁煸炒至变色，加入豆瓣酱炒匀。
4.下入茄子丁，旺火炒熟，加盐调味即可。

营养功效：

茄子中的茄碱有抑菌的作用，另外含有丰富的多酚类物质和花青素，有助于机体抗氧化。茄子与富含蛋白质的猪肉搭配食用，可以为身体提供多种营养素，有助于提高免疫力。

胡萝卜沙拉

- 主 料 -

胡萝卜1/2根

- 辅 料 -

大蒜4瓣
香菜3根
柠檬1个

- 调 料 -

蜂蜜1小匙
橄榄油1大匙
盐1/2小匙
胡椒粉1/2小匙

制作方法:

1.将柠檬去皮，榨汁，和蜂蜜一起加入橄榄油中搅拌均匀，然后加盐、胡椒粉调味，制成调味汁，备用。
2.胡萝卜洗净，去皮，切成1厘米厚的圆片，放入沸水锅中焯烫片刻，捞出，放凉。
3.香菜洗净，去根，切碎。
4.将胡萝卜片、大蒜、香菜碎一起放入碗内，加入之前调好的味汁，翻拌均匀，摆入盘内即可。

营养功效:

胡萝卜中含的胡萝卜素、木质素可以提高机体免疫力，有助于防癌抗癌。

金玉酿苦瓜

－主料－

玉米粒100克
苦瓜1根

－辅料－

熟虾仁50克
鸡蛋1个

－调料－

盐1/2小匙
色拉油2小匙

制作方法：

1.苦瓜洗净，从中间切开，将两边根蒂切去（根蒂要保留）。苦瓜瓤用筷子轻轻推出。玉米粒用刀切碎。
2.熟虾仁切成碎粒，与玉米碎粒一起倒入盛器中。
3.混合好的馅料内加入色拉油及盐调味。
4.调好后的馅料内打入鸡蛋液，拌匀。蛋液可更好地黏合馅料。
5.调好的馅料装入苦瓜中，在苦瓜两头分别将根蒂用牙签固定好。
6.蒸锅加热，水开后放入苦瓜，大火蒸制5分钟，取出晾凉后切段摆盘即可。

营养功效：

苦瓜中的生物活性物质能激活免疫细胞。鸡蛋和虾仁中含有优质蛋白质，三者搭配食用更有利于提高机体免疫力。

虾仁拌苦瓜

- 主 料 -

苦瓜300克
虾仁150克

- 辅 料 -

鲜红椒10克
蒜蓉1小匙

- 调 料 -

盐1小匙
红油1小匙
干淀粉2小匙
色拉油1小匙

制作方法

1.苦瓜洗净，剖开去瓤，改刀成抹刀片；鲜红椒切菱形片。

2.虾仁用刀片开脊背，挑去沙线，用清水洗净，捞出挤干，加入1/4小匙盐和干淀粉拌匀。

3.坐锅点火，加水煮沸，投入虾仁汆熟，捞出放入纯净水中过凉，捞出沥干。

4.在沸水中加入1/4小匙盐和色拉油，放入苦瓜片焯至断生，捞出，放入纯净水中过凉，捞出沥干。

5.将虾仁、苦瓜片和鲜红椒片放入碗内，加入蒜蓉、红油和剩余的盐拌匀，装盘即成。

营养功效

此菜可补充优质动物蛋白质和维生素C，增强身体的抗病能力。

油醋汁穿心莲

- 主 料 -

穿心莲嫩叶250克

- 辅 料 -

小洋葱2个

- 调 料 -

黑胡椒碎1/3小匙
白葡萄酒醋1小匙
橄榄油1小匙
盐1/2小匙

制作方法：

1.选鲜嫩的穿心莲嫩叶，洗净，与切成圈的小洋葱一同放在盛器中。
2.玻璃容器中加入黑胡椒碎。
3.容器中再加入白葡萄酒醋。
4.加入橄榄油，调入盐制成油醋汁，淋在穿心莲嫩叶和小洋葱圈上，拌匀即可。

营养功效：

穿心莲含有的多种生物活性物质可提高吞噬细胞的吞噬能力，有抗细菌感染和抑制肿瘤细胞增殖的作用。经常食用穿心莲对提高免疫力很有帮助。

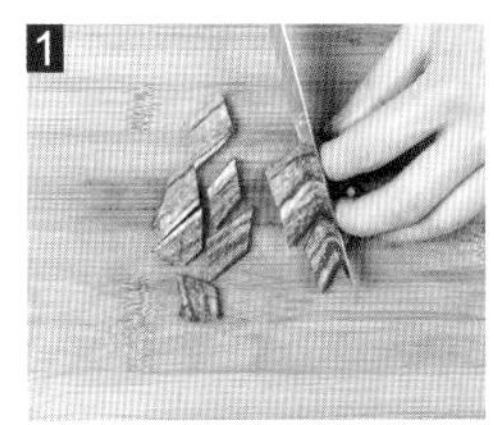

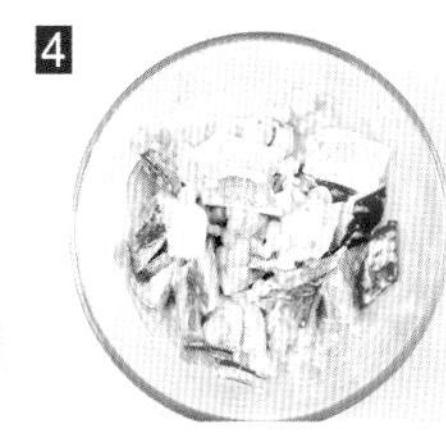

玉米甜椒沙拉

－主料－

玉米粒100克

－辅料－

青甜椒1/2个
红甜椒1/2个
洋葱1/2个

－调料－

酸奶1小杯
白醋2小匙
白糖1小匙
盐1/3小匙

制作方法：

1.青甜椒、红甜椒均洗净，切成比玉米粒略大的小丁；洋葱剥开，切丁。
2.将处理好的材料一同放入沙拉碗中。
3.在碗中加入酸奶、白糖，拌匀。
4.加入白醋、盐调味，装盘即可。

营养功效：

玉米中含有烟酸，和富含维生素C的甜椒一起食用，可促进抗体形成，提高免疫力。

菠菜洋葱沙拉

– 主 料 –

黄瓜1/2根
菠菜2根
洋葱1个

– 辅 料 –

小番茄3个

– 调 料 –

原味酸奶200毫升
蒜末10克
盐1/2小匙

制作方法：

1.所有主料及辅料洗净，菠菜取叶留用。
2.黄瓜去蒂，对半切开，去瓤，切片。
3.洋葱切丝，放入凉水中浸泡，去除辣味；小番茄去蒂，对半切开。
4.将酸奶、盐混合拌匀，所有处理过的材料放入碗中，淋入混合好的调味料，撒入蒜末拌匀，装盘即可。

营养功效：

洋葱富含硒元素和槲皮素，能刺激人体产生免疫反应，从而抑制癌细胞的分裂和生长；洋葱中含有植物杀菌素如大蒜素等，有很强的杀菌能力，搭配富含维生素C的菠菜、黄瓜一起食用，能有效抵御流感病毒、预防感冒。

橙汁苦菊

－主料－

苦菊300克

－调料－

橙汁2大匙
蜂蜜1大匙
白醋2小匙
盐1/3小匙

制作方法：

1.苦菊洗净，择去老叶。
2.苦菊切段。
3.将切好段的苦菊泡洗后控水，放入盛器中。
4.加入调料调味拌匀，放入盘中，上桌即可。

营养功效：

苦菊、橙汁都富含胡萝卜素、维生素C，两者搭配食用，低脂健康，可提高机体免疫力。此菜酸甜之中有微微的苦味，营养可口，非常适合夏季食用。

农家拌三鲜

－ 主 料 －

芸豆150克
茄子150克
土豆150克

－ 辅 料 －

蒜泥20克

－ 调 料 －

盐1/2小匙
生抽1大匙

制作方法：

1.将芸豆去除老筋，洗净。土豆洗净，去皮，切成粗条。茄子洗净，切成茄条。茄子、芸豆、土豆均放入锅中蒸熟。
2.蒜泥放入盛器中，放入盐、生抽调味调色。
3.将盛器中的调味料搅拌均匀成蒜泥汁。
4.将蒸熟的芸豆、土豆、茄子放入盘中，淋上调好的蒜泥汁即可上桌。

营养功效：

茄子和土豆都含有抗氧化剂、多种维生素和微量元素，能帮助恢复体力，缓解因工作、生活压力造成的疲劳；芸豆中所含的多种生物活性物质，可以增强人体的免疫能力，提高抗病能力，对癌细胞有抑制作用。

清蒸芦笋

- 主料 -

芦笋250克

- 辅料 -

猪瘦肉80克
葱2根
姜5克

- 调料 -

盐1/2小匙

制作方法：

1.芦笋一剖两半，切成2厘米长的段。
2.瘦肉洗净，切成2厘米长的条。葱切段，姜切片。
3.将瘦肉、芦笋放入容器内，加葱段、姜片、盐、清水，放入蒸锅内。
4.置中火上蒸1小时左右即可。

营养功效：

芦笋中富含的硒元素能有效清除人体内产生的各种有害自由基。经常食用芦笋，可增强免疫力，达到防癌抗癌的目的。

肉末南瓜

- 主 料 -

南瓜300克
猪肉50克

- 辅 料 -

葱末10克
姜末10克
蒜末10克
香葱末10克

- 调 料 -

老抽1/2大匙
蚝油1/2大匙
白糖1小匙
盐1/2小匙
食用油1大匙

制作方法

1.南瓜洗净，去皮，切成正方块。

2.猪肉洗净，切成粒。

3.锅中加油烧热，放入猪肉粒煸炒，放入葱末、姜末、蒜末爆香。

4.随后烹入老抽、蚝油，炒出酱香味，倒入南瓜块，加入适量清水，放入白糖、盐调味，大火烧开，转中火烧至猪肉粒入味、熟透，出锅装盘，撒香葱末即可。

营养功效

猪肉富含蛋白质和铁，可促进抗体形成；南瓜所含的多糖是一种非特异性免疫增强剂，是人体免疫系统的优良调节剂。

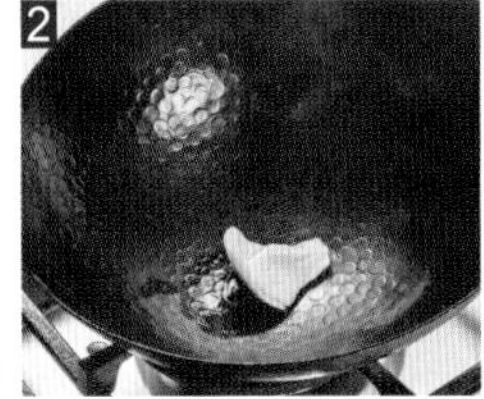

金蒜紫甘蓝

－ 主 料 －

紫甘蓝半个

－ 辅 料 －

蒜米10克
干红辣椒10克

－ 调 料 －

菜籽油20克
盐1/2小匙

制作方法：

1.紫甘蓝顺纹理切成细丝，用清水泡开后拨散。
2.锅烧热后，加入菜籽油，烧热。
3.蒜米放锅中炸至金黄后放入干红辣椒稍煸，关火。
4.炸好的金蒜辣椒油炝入紫甘蓝丝中，加盐调味即可。

营养功效：

紫甘蓝富含维生素C和生物活性物质，具有抗炎和免疫调节活性，对心血管、中枢神经系统、皮肤有保护作用。

炒卷心菜

- 主 料 -

卷心菜500克

- 辅 料 -

葱末1小匙
姜末1小匙

- 调 料 -

盐1/2小匙
醋1/2小匙
白糖1/2小匙
干辣椒2个
食用油1大匙

制作方法：

1.将卷心菜洗净，撕成大片。
2.锅置火上，加油、干辣椒炒出香味。
3.放入葱末、姜末爆锅。
4.加入卷心菜，翻炒几下，加入白糖、醋、盐，翻炒均匀，装盘即成。

营养功效：

卷心菜富含维生素C和硒，可为身体提供抗氧化剂，增强身体活力，并能提高抗病能力。

栗子烧娃娃菜

— 主 料 —

栗子100克
娃娃菜500克

— 辅 料 —

南瓜50克
胡萝卜10克

— 调 料 —

盐1/3小匙
高汤3大匙
食用油1大匙

制作方法:

1.把娃娃菜洗净去根，切条，备用。
2.南瓜洗净蒸熟，打成泥，备用。
3.栗子煮熟去皮。胡萝卜洗净，切成花形。
4.锅内放油烧热，下娃娃菜稍炒，加入高汤。
5.加入栗子、南瓜泥，用盐调味，加花形胡萝卜装饰即可。

营养功效:

栗子富含蛋白质、多种维生素；娃娃菜中维生素C含量丰富；南瓜含有南瓜多糖和类胡萝卜素。几种食材搭配食用，可增强机体的免疫力。

麻汁豇豆

– 主 料 –

豇豆250克

– 辅 料 –

蒜泥15克

– 调 料 –

生抽1/2大匙
香醋1小匙
盐1小匙
芝麻酱1大匙
花生酱1大匙
香油1小匙

制作方法：

1.豇豆洗净，控干水，切成2～3厘米长的小段。
2.豇豆段放入沸水锅中，加1/2小匙盐焯烫至熟，捞出浸凉。
3.芝麻酱、花生酱加水（比例为1∶1∶1）搅拌至成糊状，加入蒜泥、生抽、香醋、香油、盐，调匀成味汁。
4.调好的味汁倒入豇豆中，拌匀即可。

营养功效：

芝麻酱和豇豆都富含抗氧化物质维生素E，同时，芝麻酱中含有丰富的钙，钙可以提高细胞吞噬功能，从而增强人体免疫力。

菠萝鸡肉炒饭

— 主料 —

米饭1碗
鸡胸肉100克
菠萝肉100克

— 辅料 —

青豆25克
葱花10克

— 调料 —

干淀粉1小匙
生抽1小匙
盐1/2小匙
色拉油1大匙

制作方法

1.将鸡胸肉切成1厘米见方的丁；菠萝肉也切成同样大小的方丁，放入淡盐水中浸泡5分钟，捞出沥干。

2.鸡肉丁放入碗内，加入1/3小匙盐、1小匙生抽、1小匙干淀粉和1小匙色拉油拌匀，腌制5分钟。

3.青豆用沸水焯透，捞出沥干。

4.坐锅点火，倒入剩余的色拉油烧热，下入葱花炸香，放入鸡肉丁炒散至变色。

5.加入青豆和菠萝丁炒至油亮。

6.再倒入米饭炒匀，加入剩余的盐调味，出锅装盘即成。

营养功效

鸡肉中富含优质蛋白质，而菠萝中的菠萝蛋白酶能促进蛋白质水解，两者搭配食用，可帮助身体消化吸收蛋白质，让身体更强壮。

草莓蛋糕卷

- 蛋糕料 -

热牛奶80毫升
橄榄油45毫升
低筋面粉50克
玉米淀粉16克
鸡蛋6个
白砂糖80克

- 馅 料 -

动物性淡奶油150克
白砂糖15克
草莓20克

制作方法

1.分离蛋清和蛋黄；热牛奶加入橄榄油拌匀；低筋面粉和玉米淀粉混合过筛，加入热牛奶盆中拌匀，然后加入蛋黄。
2.将盆中食材搅拌均匀。
3.用打蛋器将蛋清打发好。
4.分3次加入80克白砂糖，打至湿性发泡，即提起打蛋器后蛋清呈弯钩状即可。
5.将蛋清和蛋黄糊切拌均匀（切记不可划圈搅拌），至蛋糕面糊顺滑无干粉颗粒。
6.将蛋糕糊倒入铺有油纸的烤盘中，抹平。
7.将烤盘放入预热到180℃的烤箱中层，上下火烘烤20分钟出炉，倒扣在一张油纸上，揭下底部油纸，冷却。冷却后将蛋糕片倒扣在另一张油纸上，切去多余边角。
8.淡奶油加15克白砂糖打发，均匀地涂抹在蛋糕片表面。在蛋糕片上放上草莓，卷起后放入冰箱冷藏。待馅料凝固时切片。

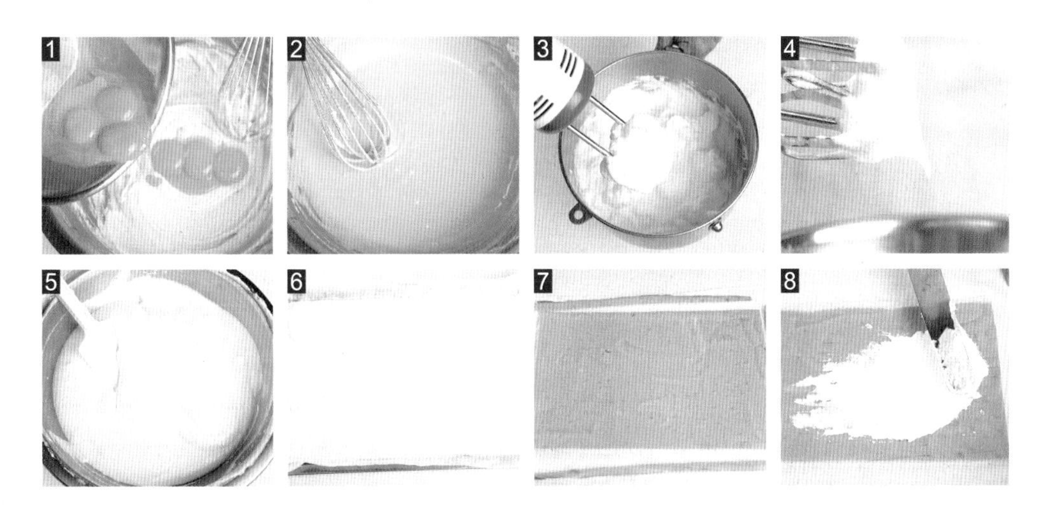

营养功效

此蛋糕卷营养丰富，可以做点心食用，为身体补充蛋白质、维生素C、维生素E等多种有助提高机体免疫力的营养素。

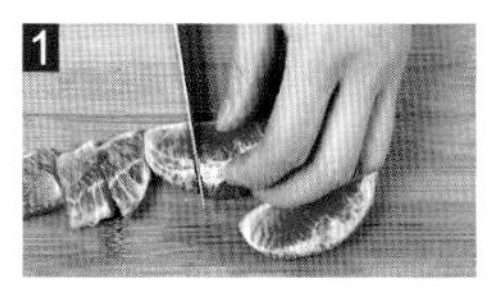

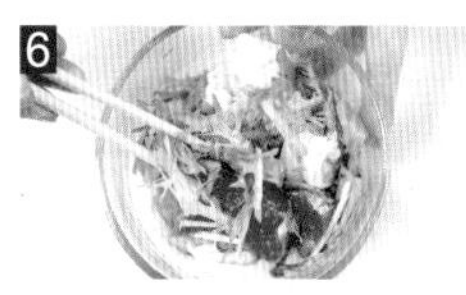

葡萄柚虾味沙拉

－主料－

葡萄柚1/2个
基围虾仁5只

－辅料－

苦菊4根
洋葱1/2个
大蒜5瓣
小萝卜片20克

－调料－

葡萄籽油2大匙
白葡萄酒1大匙
食用油1/2大匙

制作方法：

1.将葡萄柚去皮，果肉切好。
2.洋葱切成丝状。
3.苦菊用剪刀剪成小段；大蒜切片。
4.基围虾仁放入沸水中汆烫至熟，捞出取肉，去沙线。
5.另起油锅，爆香蒜片，捞出。
6.将上述所有处理好的食材及小萝卜片一起放入碗中，加入葡萄籽油和白葡萄酒，搅拌均匀，盛出装盘即可。

营养功效：

葡萄柚富含维生素C，虾仁富含优质蛋白质，两者都是增强免疫力的重要营养物质。

金针菇黄瓜

– 主 料 –

金针菇150克
黄瓜75克

– 调 料 –

盐1/2小匙
芥末油1/4小匙
香油1小匙

制作方法：

1.金针菇洗净，切掉根部，入沸水锅中焯烫，捞起过凉，控干。
2.黄瓜洗净，切成丝。
3.将盐、芥末油、香油放入碗中调匀，再放入金针菇丝、黄瓜丝拌匀，装入盘中即可。

营养功效：

黄瓜富含维生素C和黄瓜酶，能有效促进机体的新陈代谢，扩张皮肤的毛细血管，促进血液循环，增强皮肤的氧化还原作用；金针菇含有具有抗菌的生物活性物质，食用此菜能增强人体的免疫力。

芥末黄花菜

- 主 料 -

黄花菜100克
金针菇100克

- 辅 料 -

黄瓜50克
青椒、红椒各20克
青芹丝50克

- 调 料 -

盐1/2小匙
芥末油1/2小匙
香油1小匙
生抽1/2小匙
香醋1小匙

制作方法

1.黄花菜洗净，切去根部。

2.金针菇、黄花菜均放入沸水锅中焯烫，捞起过凉。

3.黄瓜、青椒、红椒均洗净，切成丝，备用。

4.将青芹丝、生抽、香醋、芥末油放入小碗中搅匀，放入金针菇和黄花菜。

5.调入盐，下入黄瓜丝、青椒丝、红椒丝，调入香油，拌匀装盘即成。

营养功效

金针菇搭配富含胡萝卜素的黄花菜，以及富含膳食纤维的黄瓜一起食用，对提高机体免疫力大有帮助。

荠菜烩草菇

－主料－

鲜草菇150克
鲜荠菜50克

－辅料－

生姜丝3克

－调料－

盐1/2小匙
胡椒粉1/3小匙
水淀粉2大匙
香油1/2小匙

制作方法：

1.鲜荠菜择洗干净，放入沸水锅内焯透，捞出放入凉水中过凉，挤干，切成碎末。
2.鲜草菇清洗干净，切成小片，用沸水焯透，放入凉水中过凉，捞出沥干。
3.锅置火上，倒入750毫升开水，下生姜丝和胡椒粉煮出味，加入草菇片和荠菜末，调入盐略煮。
4.用水淀粉勾芡，淋香油，搅匀出锅，倒入汤盆内即成。

营养功效：

草菇中含有的钾、镁、硒等矿物质能促进人体新陈代谢，提高机体免疫力。草菇与荠菜搭配，口味鲜美，营养丰富，特别适合春天食用。

草菇蛋白羹

－主料－

鲜草菇150克
蛋清105克

－辅料－

香菜10克

－调料－

姜汁1/3小匙
盐1/3小匙
胡椒粉1/3小匙
水淀粉2大匙
香油1/3小匙

制作方法:

1.鲜草菇去根，洗净泥沙后切成小丁，放入沸水中焯透，捞出挤干。
2.香菜洗净，切末；将蛋清充分打散。
3.汤锅置旺火上，倒入2杯清水，放入姜汁、胡椒粉和鲜草菇丁煮透，加入盐调好味。
4.用水淀粉勾玻璃芡，淋蛋清搅匀，加入香菜末和香油即成。

营养功效:

蛋清中富含优质蛋白质，可为抗体形成提供物质基础。草菇的维生素C含量高，能促进抗体形成，提高机体免疫力，增强抗病能力。

番茄煮鲜菇

— 主 料 —

番茄400克
鲜香菇100克

— 辅 料 —

葱10克
姜10克
蒜蓉5克

— 调 料 —

盐1/2小匙
淀粉10克
葱花5克
番茄酱20克
香油1小匙
食用油1大匙

制作方法

1.葱洗净，切成较短的段和葱花；姜洗净，切片。准备好调料。

2.鲜香菇洗净，切成丁，沥干，备用。番茄洗净，去蒂，切块，备用。

3.旺火烧热油，爆香葱段、姜片，下番茄酱爆炒。

4.加入蒜蓉、鲜香菇及番茄块爆炒片刻，加水煮开，再煮约10分钟。

5.加入盐调味。

6.用淀粉勾芡，下葱花，淋入香油，即可起锅。

营养功效

鲜香菇含有丰富的蛋白质和多种人体必需的微量元素，番茄富含维生素C和番茄红素。此菜口味清香，略有酸甜味，可以为人体补充多种营养素，提高机体的免疫力。

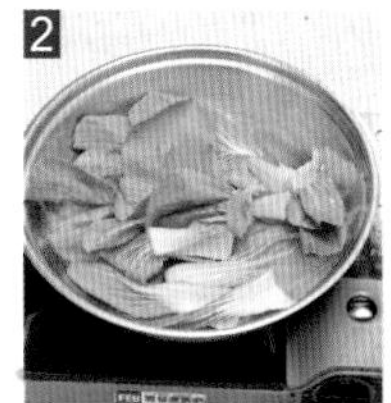

香菇炒油菜

－主料－

油菜300克
香菇50克

－辅料－

蒜木10克

－调料－

蚝油1小匙
盐1/2小匙
白糖1/2小匙
食用油2大匙

制作方法：

1.油菜洗净，沥干；香菇择洗干净，撕成小块。
2.锅内油烧热，放入油菜急火快炒，断生后加少许盐盛出，备用。
3.将油菜摆在盘中，可自己做点造型。
4.锅内重新放油烧热，放入蒜末爆香。
5.加入香菇翻炒，放入盐、白糖、蚝油。
6.炒熟后关火。
7.将炒好的香菇倒在摆好盘的油菜上即可。

营养功效：

香菇中的香菇多糖具有重要的免疫活性作用，可促进机体新陈代谢，抑制肿瘤细胞生长。香菇搭配富含维生素C的油菜一起食用，可有效提高人体免疫力。

平菇蛋汤

－主料－

鸡蛋3个
鲜平菇250克

－辅料－

青菜心50克

－调料－

料酒1小匙
盐1/2小匙
酱油1小匙
食用油1/2大匙

制作方法：

1.青菜心洗净，切成段。
2.将鸡蛋磕入碗中，加料酒、1/4小匙盐搅匀。
3.鲜平菇洗净，撕成薄片，在沸水中略烫一下，捞出。
4.炒锅置旺火上，加油烧热，放入青菜心煸炒。
5.放入平菇，倒入适量水，烧开。
6.加剩余盐、酱油调味，倒入鸡蛋液，再次烧开即成。

营养功效：

此汤可以为人体补充多种营养素，特别是平菇中的生物活性物质对癌细胞的增殖有抑制作用，能增强机体免疫功能。

小鸡炖蘑菇

－主料－

净土鸡1只
干榛蘑100克
干粉条100克

－辅料－

葱白30克
生姜30克

－调料－

八角2个
桂皮1小块
花椒10粒
料酒1大匙
盐1/2小匙
酱油1/2大匙
色拉油1大匙

制作方法

1.将净土鸡剁成约4厘米见方的块，用清水洗净；葱白切成段；生姜切块。

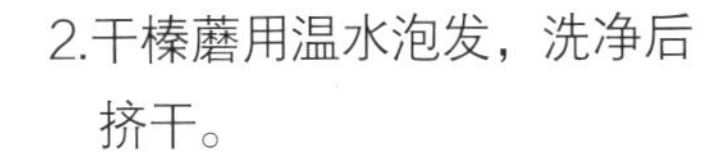

2.干榛蘑用温水泡发，洗净后挤干。

3.干粉条用凉水泡软，剪成约10厘米长的段，备用。

4.锅置火上，倒入色拉油烧热，放入鸡块煸炒至变色出油，放入葱段、姜块、八角、桂皮和花椒煸炒出香味。

5.烹料酒，倒入开水，开水要没过原料，调入酱油和盐，用旺火煮沸后转小火，盖上锅盖，炖30分钟。

6.加入粉条段和榛蘑，盖上锅盖，炖15分钟即成。

营养功效

鸡肉中含有一定量的抗氧化物质——维生素E；蘑菇中的多糖可以促进机体产生抗体。葱姜可以刺激汗腺排汗，清除体内的代谢废物。

番茄鸡油菌烧羊肉

- 主 料 -

鸡油菌250克
羊肉300克
罐头番茄200克

- 辅 料 -

胡萝卜100克
洋葱50克
大蒜3瓣

- 调 料 -

香叶2片
八角2颗
盐1小匙
黑胡椒粉1/2小匙
黄油2大匙

制作方法

1.羊肉切块，加入1/2小匙盐和黑胡椒粉腌制1小时。

2.洋葱切块；胡萝卜切滚刀块；蒜瓣切片；鸡油菌泡发后洗净，捞出沥干。

3.锅置火上，放入黄油加热至化开，放入洋葱块和蒜片炒香，下入羊肉块翻炒至变色。

4.再放入鸡油菌和胡萝卜块炒匀。

5.倒入罐头番茄，用铲子尽量捣碎。

6.炒匀后加入香叶、八角、剩余盐和适量开水，大火煮沸。

7.小火煨炖40分钟，出锅即成。

营养功效

鸡油菌中的营养物质可以预防某些呼吸道传染疾病，并可抑制癌细胞的生长，搭配羊肉、番茄、胡萝卜等一起食用，营养更全面，可有效提高机体的免疫能力。

韭香肉丝扒蘑菇

— 主 料 —

猪肉150克
鲜蘑菇200克
韭菜75克

— 辅 料 —

姜丝5克

— 调 料 —

盐1/2小匙
蚝油1小匙
水淀粉1大匙
花生油1大匙

制作方法:

1.猪肉洗净，切成丝；韭菜择洗干净，切成段；鲜蘑菇洗净，撕成丝。鲜蘑菇入沸水焯熟后捞出，控干，装盘。
2.锅置火上，倒入花生油烧热，下姜丝爆香。
3.放入肉丝炒熟，烹入蚝油。下入韭菜，调入盐翻炒至熟，调入水淀粉勾芡。
4.起锅，放在鲜蘑菇上即可。

营养功效:

蘑菇中所含的生物活性成分可增强T细胞功能，有效地阻止癌细胞蛋白质合成，从而提高机体抵御各种疾病的能力。蘑菇搭配韭菜和肉丝食用，可以增强食欲，提高机体的免疫能力。

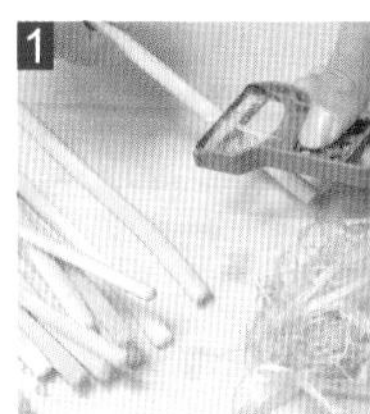

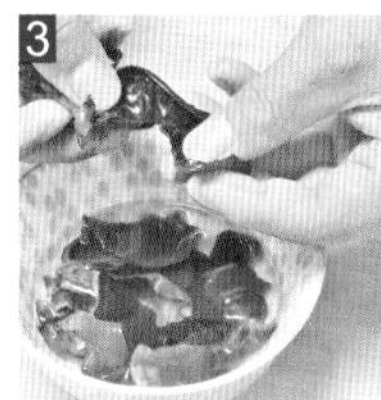

木耳炝拌芦笋

— 主 料 —

芦笋250克
水发木耳100克

— 辅 料 —

红杭椒40克
葱丝15克
干红辣椒丝10克

— 调 料 —

盐1/2匙
花生油1大匙
生抽1/2大匙

制作方法：

1.芦笋洗净，用打皮刀去掉老皮，斜切成段。
2.锅中加水烧开，放入芦笋段焯一下，捞出冲凉，备用。
3.水发木耳洗净，撕成小朵；红杭椒洗净，切成斜片。
4.把芦笋段、红杭椒片、木耳放入盛器中，葱丝和干红辣椒丝放在最上边。
5.锅中加花生油烧至八成热，淋在葱丝和干红辣椒丝上，再加盐、生抽调味即可。

营养功效：

黑木耳富含矿物质、维生素和膳食纤维，可以增强细胞免疫功能。芦笋富含硒、谷胱甘肽，可提高细胞抗氧化损伤的能力。另外芦笋还含有钙、铁、钾、蛋白质、膳食纤维，可增强体力，改善机体代谢能力。

芙蓉豆腐

－ 主 料 －

南豆腐200克
鸡蛋4个
虾仁8个

－ 辅 料 －

青椒丁10克
红椒丁10克
葱花10克

－ 调 料 －

花生浆1大匙
盐1小匙
胡椒粉1/3小匙
水淀粉1大匙
香油1小匙
鲜汤1/2大匙

制作方法

1.虾仁用刀从背部片开，挑去沙线洗净，入沸水焯熟。

2.豆腐切成1厘米厚、2厘米见方的片，上笼蒸熟后取出。

3.鸡蛋打入碗内搅散，加入花生浆、2/3小匙盐和胡椒粉搅打均匀，上笼用小火蒸15分钟至熟透。

4.取出，摆上蒸熟的豆腐片。

5.锅内倒入鲜汤煮沸，放入虾仁和青椒丁、红椒丁稍煮，加入剩余盐调味，用水淀粉勾薄芡，淋香油。

6.起锅浇在蒸蛋和豆腐片上，最后撒葱花即成。

营养功效

这道芙蓉豆腐营养丰富，含有人体必需的多种微量元素和优质蛋白质，可以促进抗体形成，增强体质，提高人体抗病能力。

八宝豆腐羹

主料

嫩豆腐250克

辅料

鸡肉40克
虾仁40克
火腿20克
莼菜20克
水发香菇20克
瓜子仁20克
松子仁20克
香葱花10克

调料

水淀粉1大匙
盐1小匙
鲜汤2大匙
香油1小匙

制作方法

1.嫩豆腐切成1厘米见方的小丁，放入沸水中略焯。

2.火腿、虾仁、鸡肉和水发香菇分别切成小丁；莼菜洗净，焯水。

3.锅置火上，倒入香油烧热，倒入瓜子仁和松子仁炒至发黄焦脆，盛出。

4.汤锅置火上，倒入鲜汤，煮沸后放入嫩豆腐丁、火腿丁、虾仁丁、鸡肉丁、香菇丁和莼菜，加入盐调味。

5.再次煮沸，用水淀粉勾玻璃芡，撒上香葱花、瓜子仁和松子仁即成。

营养功效

豆腐、虾仁、鸡肉中含有不同种类的氨基酸，同时食用可以提高其吸收利用率，增强机体免疫力。

大煮干丝

— 主 料 —

豆腐皮2张

— 辅 料 —

小虾皮10克
胡萝卜1个
青菜50克
姜片10克

— 调 料 —

盐1/2小匙
浓汤宝1包

制作方法：

1.豆腐皮折叠几层后切成细丝。
2.青菜洗净，切成细丝；胡萝卜洗净，切丝；小虾皮用清水泡2分钟后捞出，沥干。
3.将切好的豆腐丝抖散，锅内水烧开后，放入豆腐丝焯半分钟，捞出，控干。
4.锅内倒入水，加入盐、姜片煮开，加入浓汤宝煮至化开。
5.将青菜丝、胡萝卜丝、虾皮倒入煮好的汤中。
6.大火煮开后倒入豆腐丝，煮2~3秒即可。

营养功效：

豆腐皮营养丰富，含人体所必需的多种微量元素，经常食用能提高人体免疫能力。

鸡腿肉拌苦菊

- 主 料 -

鸡腿1个
苦菊300克

- 辅 料 -

红尖椒丝10克

- 调 料 -

盐1/2小匙
花椒油2小匙
生抽1大匙

制作方法:

1.苦菊洗净，择去老叶，切段。
2.将鸡腿肉剔骨，放入滚烫的沸水锅中氽水，捞出，冲凉，控水。
3.将处理好的鸡腿肉放在菜板上切块。
4.将苦菊段、鸡腿肉块、红尖椒丝放入一个盛器中。
5.加入生抽、盐调味。
6.最后淋花椒油，拌匀装盘，上桌即可。

营养功效:

鸡肉富含优质蛋白质、不饱和脂肪酸、铁等营养素，配合富含维生素C的苦菊一起食用，可以促进抗体合成，提高机体的免疫能力。

贵妃鸡翅

－主料－

鸡翅12只

－辅料－

胡萝卜200克
葱花10克
姜片10克

－调料－

红葡萄酒150克
白糖50克
盐1/2小匙
料酒1小匙
胡椒粉1/2小匙
花椒1/2小匙
市售调料包1个
清汤2大匙
食用油1大匙

制作方法

1.将胡萝卜切成厚菱形块，焯水待用；鸡翅改刀。
2.鸡翅放入大碗内，加入料酒、盐、胡椒粉、花椒腌制30分钟。
3.鸡翅下入沸水锅中氽水，捞出沥干。
4.锅内放油烧热，下葱花、姜片爆锅，下入鸡翅翻炒片刻。
5.加入红葡萄酒、清汤、盐、白糖，放入调料包，用微火烧至熟透入味。
6.待鸡肉熟透、汤汁浓稠时，拣去调料包，装盘即可。

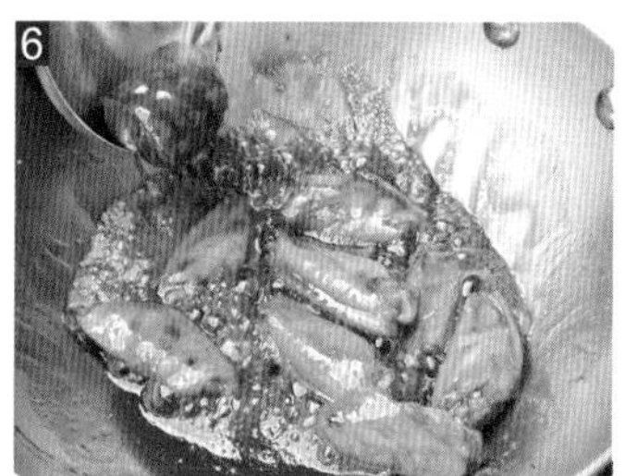

营养功效

鸡翅皮滑柔嫩，含有丰富的铁、锌、钙、镁等矿物质以及蛋白质，搭配富含胡萝卜素的胡萝卜食用，可以增强体力，提高免疫力。

照烧鸡腿饭

－主料－

鸡腿1个
米饭1小碗

－辅料－

西蓝花40克
胡萝卜1小段
黑芝麻2克

－调料－

盐1/2小匙
胡椒粉1/4小匙
照烧汁2大匙
鲜味酱油2大匙
味醂1大匙
糖3/4大匙

制作方法

1.用鲜味酱油、味醂、糖调好照烧汁。
2.鸡腿清洗干净。
3.将鸡腿去骨，把鸡肉较厚的地方片下来。片好的鸡肉要厚薄均匀。在鸡肉表面切几刀，用刀背斩松，加入盐、胡椒粉和调好的照烧汁，腌渍入味。
4.将鸡肉一分为二。锅烧热不必放油，将鸡肉有鸡皮的一面朝下放入锅中，加热至呈金黄色；鸡肉翻面，将另一面也加热至变色。把锅中的油脂倒出来。
5.倒入照烧汁，大火烧开后转小火继续烧，撇掉浮沫，烧至鸡肉成熟。
6.转中火收汁，烧至汤汁浓稠。
7.将西蓝花洗净，切小朵，焯烫后捞出，备用。
8.米饭撒上黑芝麻，胡萝卜压成花片，焯烫后点缀于米饭上。
9.将鸡肉捞出，稍微晾凉后切成小条，摆上西蓝花，用汤汁拌米饭食用即可。

营养功效

鸡腿肉中蛋白质的含量较高，氨基酸种类多，很容易被人体吸收利用。鸡腿肉有增强体力、强身健体的作用，有助于提高人体的免疫力，搭配米饭、西蓝花食用，滋味鲜美，香浓诱人。

玉米炖鸡

- 主 料 -

鸡300克
熟玉米100克

- 辅 料 -

葱花5克
姜片5克

- 调 料 -

盐1/2小匙
花生油1大匙

制作方法

1.将鸡剁成块，备用。
2.将剁好的鸡块放入滚烫的沸水中汆水，捞出，洗净血污。
3.将熟玉米剁块。
4.锅中放入花生油烧热，放入葱花、姜片爆香。
5.放入鸡块翻炒。
6.加入适量水。
7.放入玉米炖制。直至将鸡块和玉米炖熟。
8.放入盐调味，炖至入味，出锅即可。

营养功效

鸡肉和玉米中都含有丰富的维生素E，维生素E不仅有维持生育功能、抗氧化的作用，还可以保护细胞膜免受自由基的破坏，对维持免疫细胞的正常功能有非常重要的意义。

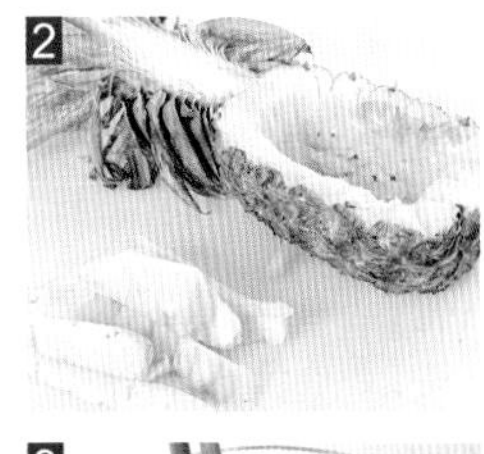

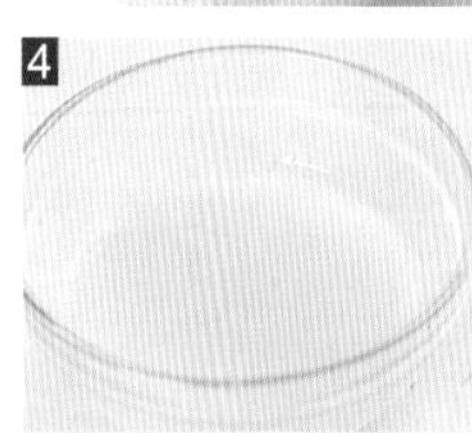

菠萝鸡丁

－主料－

菠萝1个
鸡胸肉100克

－辅料－

鸡蛋1个

－调料－

盐1/2小匙
料酒1小匙
淀粉1小匙
鸡汤1大匙
色拉油1大匙

制作方法：

1.鸡蛋打散搅拌均匀。菠萝一切两半。一半菠萝去皮，果肉用淡盐水略腌一下，洗净后切小丁。
2.另一半菠萝挖去果肉，外壳留作盛器。
3.鸡胸肉切成菱形丁，加入盐、料酒、鸡蛋液、淀粉，抓匀上浆。
4.将盐、料酒、淀粉、鸡汤放入碗中，调成味汁。
5.锅入色拉油烧热，放入鸡丁煸炒至八成熟。
6.放入菠萝丁，翻炒均匀，烹入调好的味汁继续翻炒。待汁挂匀后，将炒好的菠萝鸡丁装入挖空的菠萝盛器中即可。

营养功效：

鸡肉富含蛋白质，菠萝中的菠萝蛋白酶能促进蛋白质分解。两者搭配食用，可帮助消化吸收，有助于提高免疫力。

鸡肉拌南瓜

- 主 料 -

鸡胸肉50克
南瓜100克

- 调 料 -

盐1/2小匙
酸奶酪1小匙
番茄酱2小匙

制作方法：

1.鸡胸肉洗净，在水凉时下锅，煮熟，捞出后撕成丝。
2.南瓜洗净，去皮、子，切成丁，放入蒸锅里蒸熟。
3.把南瓜、鸡丝放入盘中，加入酸奶酪、番茄酱和盐拌匀即可。

营养功效：

南瓜富含的胡萝卜素可以转化成维生素A，维生素A有助于维护免疫系统的第一道防线——呼吸道黏膜。南瓜搭配富含蛋白质的鸡肉一起食用，可以增强机体抵抗力。

西芹鸡柳

－主料－

鸡胸肉1块
西芹2根

－辅料－

胡萝卜1/2根
玉米淀粉1小匙

－调料－

细砂糖1小匙
生抽1大匙
陈醋1小匙
黑胡椒粉1/2小匙
色拉油1大匙

制作方法：

1.西芹切成段，胡萝卜切成片。
2.鸡胸肉切成条，放入碗中，加入1大匙生抽、1小匙陈醋、1小匙细砂糖。根据自己的口味加入黑胡椒粉。
3.然后加入1小匙淀粉。
4.鸡胸肉用手抓匀，腌制半小时左右。
5.锅烧热，放色拉油，油热后放入腌制好的鸡胸肉。
6.用锅铲迅速滑散，翻炒至鸡肉变色，放入西芹段和胡萝卜片，继续翻炒1分钟左右即可。

营养功效：

鸡胸肉是鸡身上脂肪含量较低且蛋白质含量较高的部分，搭配西芹一起吃，既低脂饱腹，又能提高免疫力。

荠菜鸡丸

－主料－

鸡胸肉300克
荠菜200克

－调料－

盐1/2小匙
白糖1/2小匙
香油1/2小匙
美极上汤1大匙
高汤1大匙
葱姜水1大匙

制作方法：

1.鸡胸肉剁成泥。荠菜洗净切末，加鸡肉泥、葱姜水、盐搅匀成馅。
2.将鸡肉馅挤成丸子，用热水氽至熟透，盛入盅内。
3.锅中加入高汤烧开，加美极上汤、盐、白糖调味，倒入盅内淋香油即可。

营养功效：

鸡丸可以为人体补充蛋白质、维生素C和钙等营养物质，不但可以帮人体对抗自由基，延缓机体衰老，还能够增强机体免疫力。

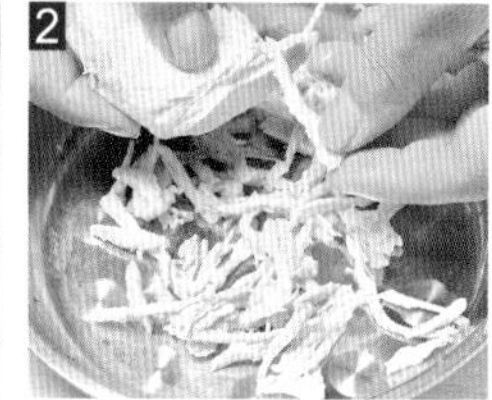

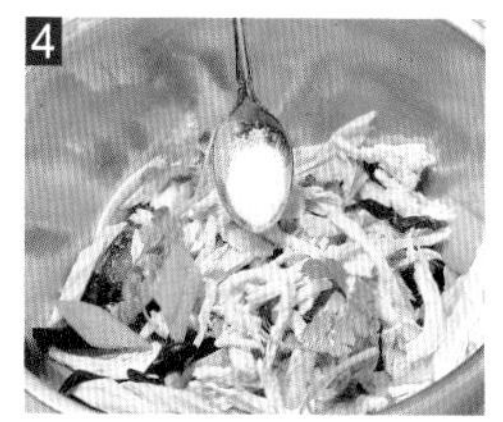

木耳腐竹拌鸡丝

－主料－

腐竹150克
熟鸡肉150克
黑木耳10克

－辅料－

胡萝卜片5克
香菜段5克

－调料－

盐1/2小匙
香油1/2小匙

制作方法:

1.将腐竹泡发半小时后捞出，切成细条。
2.将熟鸡肉撕成条，备用。
3.锅中放入滚烫的沸水，放入腐竹条、黑木耳、胡萝卜片焯水，捞出，冲凉。
4.把腐竹条、黑木耳、胡萝卜片、鸡肉条、香菜段放入一个盛器中，放入盐、香油调味，搅拌均匀即可装盘。

营养功效:

腐竹、鸡肉富含合成抗体所需的蛋白质，木耳富含多糖，可以调节人体的免疫功能。在夏日里食用这道菜，不但清淡、爽口，而且可以为身体提供多种营养，从而提高人体的免疫力。

马蹄玉米煲老鸭

- 主 料 -

水鸭1只
玉米200克
猪腿肉150克
马蹄150克

- 辅 料 -

姜片10克
葱段20克

- 调 料 -

盐1/2小匙

制作方法:

1.水鸭洗净，去内脏，切大块。猪腿肉切3厘米见方的块。
2.水鸭、猪腿肉分别下沸水中汆透，取出洗净。
3.将玉米放入锅中，焯水捞出。
4.煲中加适量清水，放入所有材料，大火煮开后改小火煲2小时，下调料调味即可。

营养功效:

鸭肉富含优质蛋白质，很容易被人体消化、吸收。将鸭肉与马蹄、玉米一起食用，营养更丰富，而且可以提高机体的免疫力。

五彩鸡蛋

－主料－

鸡蛋4个

－辅料－

干香菇3朵
乳黄瓜1根
青豆20克

－调料－

盐1/2小匙
色拉油1/2大匙

制作方法：

1.鸡蛋煮熟，冷水冲过后去皮，切去1/3的蛋白，将蛋黄取出。
2.干香菇泡发后切碎。
3.取下的蛋白部分切碎。
4.锅烧热后入色拉油，加入香菇、青豆和盐翻炒，炒至青豆熟透。
5.乳黄瓜切碎，与蛋白、蛋黄、青豆、香菇同放盛器中拌匀。
6.将拌好的馅料装入蛋白壳内即可。

营养功效：

鸡蛋中的蛋白质属于优质蛋白质，非常适合人体吸收利用，同时鸡蛋中富含胆碱、维生素B_2等营养成分，胆碱可以维持细胞完整性，维生素B_2可以促进免疫细胞活性，减轻炎症反应。

蛋皮三丝卷

- 主 料 -

鸡蛋2个
鸡胸肉120克
火腿60克
小黄瓜1根

- 辅 料 -

柠檬4片

- 调 料 -

盐2克
水淀粉2大匙
沙拉酱1大匙

制作方法：

1.将鸡胸肉洗净，放入汤锅中，加入1克盐和柠檬片，小火煮开后再煮5~8分钟，捞出放凉，备用。
2.将小黄瓜洗净，切丝。火腿切丝。将鸡胸肉撕成细条。
3.鸡蛋打散，放入1克盐，加入水淀粉搅打均匀。不粘锅中倒入蛋液，无油煎制蛋皮。
4.煎好的蛋皮稍微晾凉，将处理好的三丝放到蛋皮上。卷紧后切段，挤上沙拉酱即可。

营养功效：

鸡蛋含有必需氨基酸，配合鸡胸肉、火腿、黄瓜一起食用，营养更丰富，能补充人体能量，增强体质。

彩蔬鸡汤猫耳面

- 主 料 -

面粉150克
鸡蛋1个

- 辅 料 -

五花肉30克
胡萝卜1/3根
洋葱1/4个
西芹1根
香菇2朵
小葱1根

- 调 料 -

鸡汤3大匙
味极鲜酱油1小匙
盐1/2小匙
香油1小匙
色拉油1大匙

制作方法

1.将面粉、鸡蛋和30克水倒入盆中，用筷子搅拌成雪花状。
2.将混合材料揉成面团，发酵30分钟，再次揉匀至表面光滑。
3.将面团擀成薄面饼，切成1.5厘米宽的长条状。
4.将面团长条切成长方形的小面片。
5.取寿司帘，将小面片分别斜向搓成猫耳面。
6.将五花肉切片，将辅料中的所有蔬菜切丁，小葱切小段。
7.锅中放水，将猫耳面煮至熟透、漂浮起来。
8.另起锅烧热，放入色拉油，下五花肉片煸炒至出油，再放入小葱段。
9.再依次放入洋葱丁、胡萝卜丁、西芹丁和香菇丁，加入味极鲜酱油翻炒均匀。
10.倒入鸡汤，再放入煮透的猫耳面，烧开。加入盐和香油调味。将面继续煮至入味，关火后出锅即可。

营养功效

多种食材搭配可以摄入多种营养素，提高营养素的吸收利用率。鸡汤中的鲜味物质可以提升食欲，促进消化液分泌，更有效地吸收营养成分，从而增强身体免疫力。

番茄炒蛋

－主料－

鸡蛋2个
沙瓤番茄300克

－辅料－

蒜末10克
葱末10克

－调料－

盐1/2小匙
白糖1/2小匙
香油1小匙
食用油1大匙

制作方法：

1.将番茄放在开水里烫一下，剥皮，切成小块。将鸡蛋打散，调入盐拌匀。
2.锅中放油，大火加热，等到油微微冒烟时下蛋液翻炒。
3.待鸡蛋炒成表面嫩黄、成块时盛出。
4.中火加热锅中的底油，爆香蒜末和葱末。
5.放入番茄块煸炒，炒至番茄出水、变黏稠。
6.加入白糖、盐和炒好的鸡蛋，淋入香油，炒匀即可。

营养功效：

番茄富含维生素C，鸡蛋富含蛋白质，两者搭配食用，可为抗体形成提供必要的营养物质，增强机体的免疫能力。

奶油芦笋汤

- 主 料 -

鲜芦笋200克
鲜牛奶200克

- 辅 料 -

洋葱碎20克
面粉20克
烤吐司面包丁20克

- 调 料 -

盐3克
黑胡椒碎2克
橄榄油1大匙

制作方法：

1.将芦笋洗净，切段，烫熟后放入搅拌机打成蓉。
2.热锅，倒入一半橄榄油、面粉，炒香，加入牛奶100克，熬至黏稠，出锅待用。
3.另起热锅，倒入剩余橄榄油、洋葱碎爆香，加入鲜芦笋蓉、剩余牛奶煮沸，加入炒好的奶汁拌匀，最后以盐、黑胡椒碎调味，出锅后撒上烤好的面包丁即可。

营养功效：

芦笋味道鲜美，含有多种维生素和微量元素，对提高机体免疫力有帮助。

咖喱牛肉

– 主料 –

熟牛肉300克

– 辅料 –

洋葱50克
火腿10克
木耳10克
青豆10粒

– 调料 –

咖喱粉1/2小匙
白糖1/2小匙
蚝油1/2小匙
高汤2大匙
料酒1小匙
水淀粉1小匙
盐1/2小匙
香油1/2小匙
食用油1大匙

制作方法

1.将熟牛肉切块，洋葱、火腿均切丁，木耳撕成小块。

2.锅内加油烧热，放入洋葱丁煸炒出香味。

3.加入咖喱粉炒至变色。

4.下入料酒、牛肉块、火腿丁、木耳块、青豆煸炒，加入蚝油、白糖、高汤、盐，小火烧至入味。

5.放入水淀粉勾芡，淋上香油，盛盘即成。

营养功效

牛肉能为人体提供丰富的营养，其中就包括铁。铁是血红蛋白的重要组成部分，血红蛋白参与细胞中氧气与二氧化碳的转运，是抗体形成的后盾。

茄汁黄豆牛腩

－主料－

牛腩300克
番茄100克
土豆100克

－辅料－

黄豆50克
青豆50克

－调料－

市售香料包1个
盐1/2小匙
香油1/2小匙
高汤2大匙
淀粉1小匙
食用油1大匙

制作方法

1.牛腩加香料包煮熟，切成块；土豆、番茄分别切丁；黄豆用清水泡发。

2.土豆丁入沸水中焯至熟透，捞出控水。

3.将油烧热，放入番茄丁炒香，加入黄豆、青豆、土豆丁，调入盐。

4.淋入高汤，放入牛腩块烧至入味，用水淀粉勾芡，淋香油，拌匀出锅即可。

营养功效

牛肉富含蛋白质和铁，是形成抗体的物质基础；番茄、土豆等食材富含维生素C，可促进铁的吸收和抗体的合成。这些食材搭配食用，对提高免疫力大有帮助。

胡萝卜炖牛肉

- 主 料 -

牛肉500克
胡萝卜2根

- 辅 料 -

土豆2个
洋葱2个
嫩豆荚50克
枸杞30克
面粉4小匙

- 调 料 -

胡椒粉1/2小匙
盐1/2小匙
植物油1小匙

制作方法

1.牛肉切块，撒盐、胡椒粉和1小匙面粉拌匀。

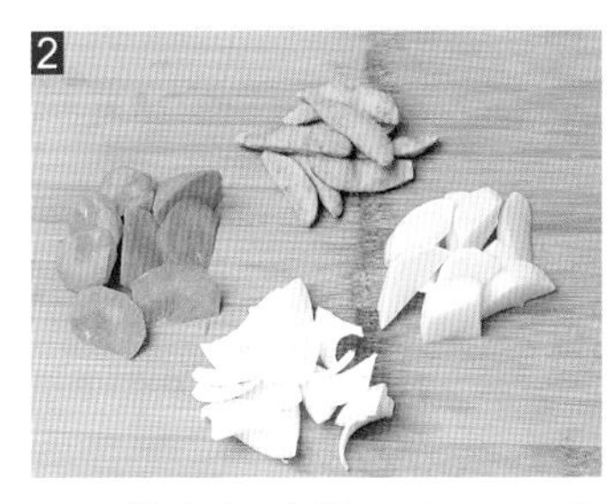

2.胡萝卜切小块，土豆、洋葱均切片，豆荚切段。

3.植物油放炒锅内烧热，放入牛肉块炒成茶色。

4.放入洋葱片共炒，加4碗热水，放入枸杞，加盖煮开。

5.改用极弱的火，依次加入胡萝卜块、土豆片、豆荚段和洋葱片，煮1.5小时后放盐。

6.将3小匙面粉调成糊状，倒入汤里搅匀，再煮半小时后加胡椒粉调味即可。

营养功效

牛肉能提供抗体形成的物质基础——蛋白质，胡萝卜能提供抗体形成的催化剂——维生素C和维生素A原。这两者搭配食用，能提高人体的免疫力。

胡萝卜炖牛尾

- 主 料 -

牛尾中段250克
胡萝卜250克

- 辅 料 -

葱段1段
姜片2片
蒜瓣2瓣
葱花10克

- 调 料 -

八角2个
黄酒1小匙
香油1/2小匙
酱油1小匙
水淀粉1小匙
盐1/2小匙

制作方法

1.牛尾斩成小段，用清水浸泡1小时，放入沸水锅中氽一下，捞出。

2.牛尾放入砂锅中，加水，大火煮沸，撇去浮沫。

3.小火煨40分钟后加入葱段、姜片、八角、黄酒、蒜瓣、盐、酱油，继续用小火煨煮，倒出的汤汁过滤即成卤汁，晾凉备用。

4.胡萝卜切成片，与牛尾间隔整齐地码放入蒸碗内，倒入过滤好的卤汁。

5.将蒸碗上笼，用大火蒸5分钟后取出，倒出蒸肉原汁。

6.将倒出的原汁放入另一锅内，上火烧开，用水淀粉勾薄芡，淋香油，撒葱花，浇在蒸碗内即成。

营养功效

牛尾的营养价值较高，其中含有的优质蛋白质是抗体形成的物质基础；胡萝卜中所富含的β-胡萝卜素能在我们体内转化成维生素A，维生素A可以维持皮肤黏膜的完整性，在免疫蛋白的基因调控中也需要维生素A。两者搭配食用，可有效提高免疫力。

糯米蒸排骨

- 主料 -

肋排500克
糯米100克

- 辅料 -

白菜叶1张
葱花10克
姜片10克

- 调料 -

盐1/2小匙
白糖1/2小匙
酱油1小匙
料酒1小匙
醋1/2小匙
香油1/2小匙

制作方法

1.肋排洗净，切小段，加入盐、白糖、酱油、料酒、姜片、醋、香油，腌渍2小时至入味上色。

2.糯米淘洗干净，加水浸泡2小时，沥干水。

3.白菜叶在沸水中烫一下，沥干水，铺在盘子底部。

4.把腌好的排骨放在糯米中滚一下，使排骨表面裹上一层糯米，再将其均匀平铺在白菜上。

5.排骨周围略撒一些糯米，上屉蒸1.5小时，取出撒上葱花即可。

营养功效

排骨富含蛋白质、锌、铁、硒等营养素，有助于提高免疫力。排骨搭配富含碳水化合物和B族维生素的糯米共同食用，可达到营养互补的目的，增强人体免疫力。

酸菜炖排骨

主料

猪排骨500克
酸菜200克

辅料

水晶粉100克
蒜苗30克
青小米椒10克
红小米椒10克
葱花10克
姜末20克
蒜末10克

调料

陈醋1大匙
盐1小匙
香油1/2小匙
食用油1大匙

制作方法

1.猪排骨剁成5厘米长的段，放入清水中浸泡15分钟后放入清水锅内，用中火煮至八成熟，捞出。汤留用。

2.酸菜和蒜苗分别洗净，切段。青小米椒、红小米椒分别切圈。

3.坐锅点火，倒入油烧热，下入葱花、姜末和蒜末炒香，再放入酸菜段炒2分钟。

4.将步骤1中煮排骨的汤加入锅中煮沸，放入猪排骨段和两种小米椒圈煮10分钟。

5.放入水晶粉，调入盐，炖3分钟。

6.加入陈醋，撒蒜苗段，淋香油，起锅盛入汤盆内即成。

营养功效

排骨富含蛋白质，可为抗体形成提供基础物质；铁是血红蛋白的重要组成部分，是抗体形成的有力后盾。排骨搭配富含有机酸、维生素的酸菜食用，对提高免疫力有帮助。

木须肉

- 主料 -

猪瘦肉150克
鸡蛋2个
黄瓜100克

- 辅料 -

干木耳10克
干黄花菜10克
葱花10克
姜末10克

- 调料 -

盐1/2小匙
料酒1小匙
香油1/2小匙
水淀粉1小匙
食用油1大匙

制作方法

1.鸡蛋磕入碗中，用筷子搅打均匀。
2.将猪瘦肉切成片，用少许蛋清、水淀粉上浆拌匀。
3.黄瓜斜刀切成片，放平后直刀切成菱形片。干木耳泡好，撕成小块。干黄花菜泡好。
4.炒锅加油烧至五成热时，放入肉片滑散，然后捞出沥油。
5.锅内留底油烧热，放入葱花、姜末爆锅。
6.烹入料酒、清水，加入肉片，用盐调味。
7.加入木耳块、黄瓜片、黄花菜烧至入味。
8.待再次烧开后浇入鸡蛋液炒熟，淋上香油出锅即可。

营养功效

猪肉和鸡蛋一起食用，可以为人体补充大量的蛋白质，为抗体形成提供物质基础，增强人体的防病抗病能力。

鸡腿菇炒里脊

－主料－

猪里脊肉200克
鸡腿菇200克

－辅料－

葱末10克
姜末20克

－调料－

蚝油1大匙
料酒2/3大匙
水淀粉2/3大匙
香油1/2小匙
鲜汤1/3杯
盐1小匙
干淀粉2/3大匙
色拉油2大匙

制作方法

1.将猪里脊肉剔净筋膜，切成约5厘米长、筷子粗的条，放入小盆内，加入少许料酒、少许盐和干淀粉拌匀上浆，再加入少许色拉油拌匀，放入冰箱冷藏30分钟；将鸡腿菇洗净，切成约4厘米长的细条。

2.炒锅置火上烧热，倒入色拉油烧至三四成热，分散下入猪里脊条滑至断生。

3.再下入鸡腿菇条过一下油，倒入漏勺内沥干油。

4.锅内留底油重置火上，爆香葱末和姜末，烹入剩余料酒，加入蚝油、鲜汤和剩余盐调好口味，用水淀粉勾薄芡。

5.倒入已经过油的全部原料，颠翻均匀，淋香油，出锅装盘即成。

营养功效

猪里脊肉富含优质蛋白质，可为抗体形成提供物质基础；丰富的铁则可帮助形成血红蛋白，是抗体形成的有力后盾。猪里脊肉搭配营养丰富的鸡腿菇食用，有提高免疫力的作用。

葱爆羊肉

－主料－

羊肉片500克

－辅料－

葱30克
香菜10克

－调料－

盐1/2小匙
醋1/2小匙
酱油1/2小匙
料酒1小匙
白糖1/2小匙
胡椒粉1/4小匙
香油1小匙
色拉油1大匙

制作方法

1.将葱滚刀切成段，香菜切段。

2.碗中放盐、醋、酱油、料酒、白糖、胡椒粉、香油，调匀成味汁。

3.炒锅内放底油烧热，放葱段煸香。

4.下入羊肉片、香菜段炒匀。

5.倒入味汁，大火翻炒均匀即成。

营养功效

此菜羊肉鲜美、葱香浓郁，可以为身体提供蛋白质、铁、锌等营养素，并且能促进抗体形成和免疫器官胸腺的发育。胸腺可以制造T细胞，能增强人体免疫力。

羊肉丸子萝卜汤

主料

羊肉200克
白萝卜1根

辅料

鲜香菇150克
肥肉末50克
芹菜末50克
香菜末10克
鸡蛋液20克

调料

盐1/2小匙
胡椒粉1/2小匙
高汤3大匙
香油1/2小匙
淀粉1/2小匙
葱姜汁1小匙

制作方法

1.白萝卜去皮，洗净切块；香菇洗净切块，备用。

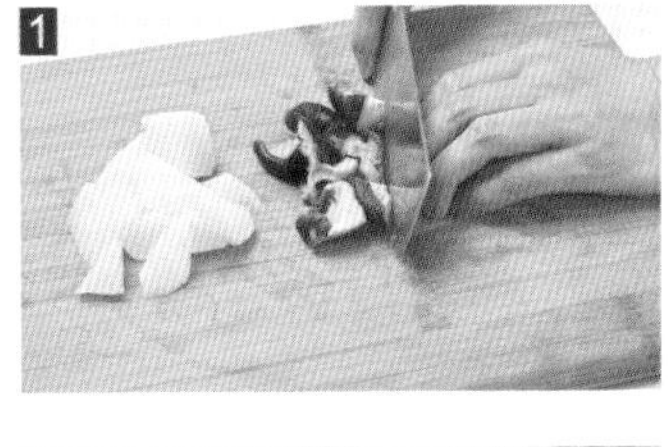

2.羊肉剔去筋，剁成细蓉，放入盆中。

3.将葱姜汁徐徐倒入盆中，沿一个方向搅打上劲。

4.盆中再加入鸡蛋液、肥肉末、芹菜末、少许盐、胡椒粉、淀粉，搅拌均匀，做成羊肉馅。

5.锅置火上，加高汤，大火烧沸，将羊肉馅做成小丸子，放入锅中，慢火汆熟。

6.下入萝卜块和香菇块，加剩余盐调味。

7.出锅时，淋上香油，撒香菜末即成。

营养功效

羊肉富含优质蛋白质，可为抗体形成提供物质基础；丰富的铁可帮助形成血红蛋白，是抗体形成的有力后盾。羊肉搭配营养丰富的白萝卜共同食用，对提高免疫力大有帮助。

葱香土豆羊肉煲

－ 主 料 －

羊腿肉200克
土豆100克

－ 辅 料 －

葱白段50克
生姜片10克
胡萝卜丁20克
香菜段5克

－ 调 料 －

料酒1大匙
酱油1小匙
盐1小匙
孜然粉1小匙
茴香粉1小匙
香油1小匙
色拉油8大匙

制作方法

1.羊腿肉切小方块，同凉水一起入锅，煮沸后继续煮3分钟，捞出洗去污物，沥干水。

2.土豆洗净去皮，切成滚刀块，下入烧至六成热的色拉油内炸黄，捞出沥干油。

3.炒锅置火上，倒入色拉油烧热，下入生姜片炸香，放入羊肉块煸干水，烹入料酒，倒入4杯开水，放入酱油、盐、孜然粉和茴香粉。

4.将炒锅内的用料连同汤水倒入高压锅（可用电压力锅）内，加热20分钟至羊肉软烂，关火。

5.炒锅置火上，倒入油烧热，放葱白段炸至上色，捞出放入砂锅中。砂锅内再放入土豆块、羊肉块和汤汁烧至入味。

6.淋香油，撒香菜段、胡萝卜丁，盖上锅盖，再烧5分钟即成。

营养功效

羊肉富含蛋白质和铁，可促进抗体形成。羊肉搭配土豆营养更丰富，可显著提高人体免疫力，增强抗病能力。

鲜虾白菜

－主料－

对虾6只
大白菜200克

－调料－

盐1/2小匙
香油1/2小匙
色拉油1大匙

制作方法

1.对虾剪去虾枪。

2.将沙线剔除。

3.将白菜叶与白菜帮分别切成块。

4.锅热后入色拉油，放入对虾炒制。煸炒时用炒勺轻轻敲击虾头，使虾脑内的红油逐渐析出。

5.煸好的对虾推至一边。将虾油置于锅底，放入白菜帮煸炒。

6.白菜帮变软后再将白菜叶放入锅中煸炒，加入盐调味，出锅时淋入香油即可。

营养功效

鲜虾中的优质蛋白质可为抗体形成提供物质基础；大白菜中的维生素C则是抗体形成的“催化剂”。鲜虾和大白菜两者搭配食用，可显著提高人体免疫力，增强人体的抗病能力。

虾球什锦炒饭

- 主 料 -

鲜虾10只
剩米饭1碗

- 辅 料 -

小洋葱1个
黄瓜1/2根
彩椒1/4个
胡萝卜1/5根
火腿1块
口蘑1朵

- 调 料 -

盐1/2小匙
胡椒粉1/3小匙
淀粉1小匙
鲜味酱油1小匙
食用油1大匙

制作方法

1.鲜虾去头、壳，在背部剖一刀（别切断），去掉沙线，加入少许盐、胡椒粉和淀粉抓匀，腌渍15分钟至入味。
2.将辅料中的所有食材均处理成小粒。
3.准备好剩米饭1碗。
4.锅烧热，放入油，下入腌好的虾仁滑炒至变色打卷，盛出。
5.放入小洋葱粒炒香，下胡萝卜粒翻炒。
6.放入剩余处理好的辅料粒，加剩余的盐和鲜味酱油，翻炒至入味。
7.加入米饭炒匀，放入滑熟的虾仁，翻炒均匀。
8.将虾仁挑出来，码在小碗的底部。
9.放上炒好的米饭，压实。
10.将米饭扣入盘中即可。

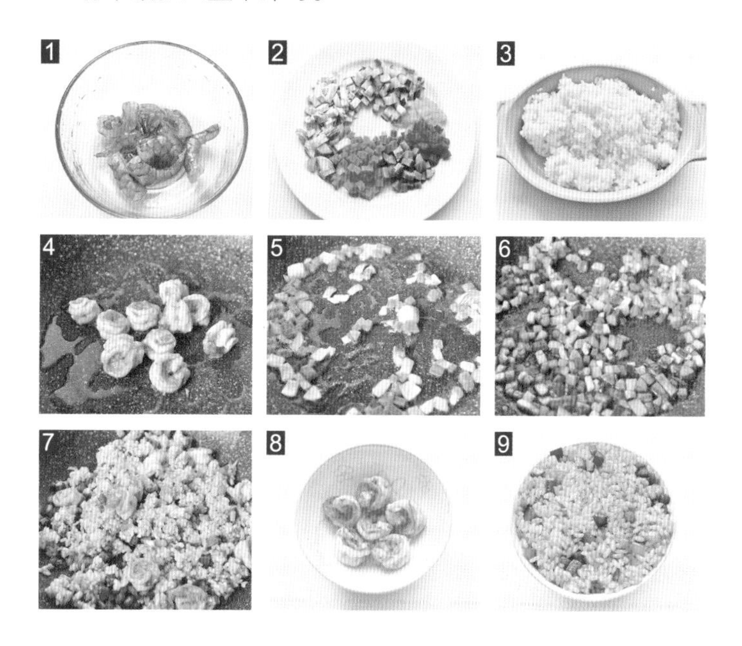

营养功效

虾中富含优质蛋白质，有利于抗体形成，并且容易消化吸收；虾中的镁能很好地保护心脑血管系统；虾中的钙有利于坚固骨骼和牙齿。虾搭配米饭和富含维生素C、膳食纤维的多种蔬菜一起食用，有助于提高人体免疫力。

哈密瓜炒虾

– 主 料 –

哈密瓜1/2个
鲜虾200克

– 辅 料 –

胡萝卜25克
红椒15克
黄椒15克
生姜5片

– 调 料 –

白糖1/2大匙
海鲜酱油1小匙
盐1小匙
料酒1小匙
水淀粉2小匙
鲜汤1大匙
色拉油1大匙

制作方法

1.哈密瓜去皮，胡萝卜洗净，两者分别切丁；红椒、黄椒分别切菱形小块。

2.鲜虾剥壳，去头留尾，在虾背轻轻划一刀，挑除泥肠，放入碗内，加入料酒和1/2小匙盐拌匀，腌制10分钟。

3.坐锅点火，倒入色拉油烧至五成热，分散投入虾仁滑至变色，倒出沥干油。

4.锅内留1大匙底油，放入姜片、红椒丁、黄椒丁、胡萝卜丁和哈密瓜丁，用中火快炒片刻。

5.加入鲜汤、剩余的盐、海鲜酱油和白糖调味。

6.倒入虾仁炒匀，用水淀粉勾芡，翻匀装盘即成。

营养功效

鲜虾中富含的蛋白质可为抗体形成提供物质基础，而哈密瓜中的维生素C则是抗体形成的催化剂。鲜虾和哈密瓜两者搭配食用，可显著提高人体的免疫力。

秋葵炒虾仁

主料

鲜虾150克
秋葵200克

辅料

葱片15克
姜片15克

调料

料酒1小匙
盐1/2小匙
胡椒粉1/4小匙
水淀粉2小匙
香油1/2小匙
食用油1大匙

制作方法

1.鲜虾洗净沥水，去头、壳，去沙线，虾仁留尾，备用。
2.锅中加水，烧到八成热时加入料酒和少许葱片、姜片，放入虾仁汆3~5秒钟至变色、打卷，捞出沥水。
3.将秋葵焯水3~5秒钟，捞出，投入凉水过凉。
4.秋葵切成小段，备用。
5.锅烧热，倒入油，煸香葱片、姜片。
6.放入秋葵翻炒均匀。
7.倒入虾仁翻炒，放入盐、胡椒粉调味，加入水淀粉翻炒均匀。
8.关火，淋入香油，拌匀后盛出即可。

营养功效

虾肉中富含的蛋白质可为抗体形成提供物质基础。虾肉含有能降低人体血清胆固醇的牛磺酸。虾肉搭配营养丰富的秋葵食用，可增强体质，提高免疫力。

虾仁滑蛋

- 主 料 -

基围虾100克

- 辅 料 -

鸡蛋1个

- 调 料 -

盐1小匙
食用油1大匙

制作方法：

1.锅中烧水，水开后放入基围虾汆烫。鸡蛋打散成蛋液。
2.虾变色后捞出，去掉头和尾，剥去外壳，挑去沙线。
3.锅烧热，倒入油，将蛋液倒入，摊成蛋饼。
4.蛋饼卷起，放在锅的一边，另一边放入虾仁。
5.将蛋饼铲碎，与虾仁一起翻炒均匀，加入盐翻炒均匀即可。

营养功效：

基围虾是典型的高蛋白低脂肪的食物，其优质蛋白质是抗体形成的物质基础；所含丰富的牛磺酸，可降低血液中胆固醇水平，防止动脉硬化、高血压及心肌梗死；同时基围虾含有丰富的矿物质锌，可以协助人体维持正常的免疫功能，对于人体免疫力的提高大有裨益。

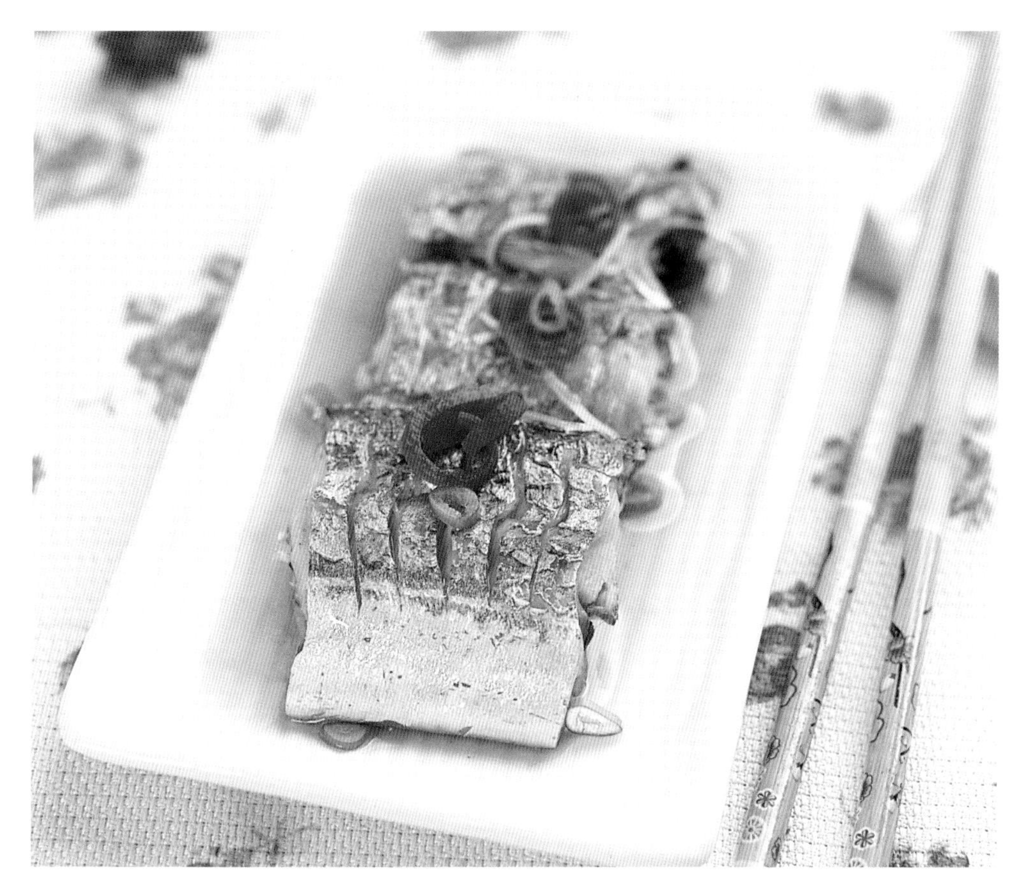

清蒸带鱼

- 主 料 -

新鲜带鱼750克

- 辅 料 -

葱段10克
姜片10克

- 调 料 -

盐1/2小匙
料酒1小匙

制作方法：

1.将带鱼去内脏，洗净。
2.带鱼切成段，摆放盘中，加葱段、姜片、料酒、盐腌制入味。
3.腌好的带鱼放入蒸笼，隔水旺火蒸约20分钟。
4.蒸至鱼肉熟、色洁白时取出，去掉葱、姜即成。

营养功效：

带鱼中含有的硒具有提高免疫力、抗癌的作用，常食带鱼可降低肿瘤发病率。带鱼的二十二碳六烯酸（DHA）、二十碳五烯酸（EPA）和卵磷脂含量高于淡水鱼，常食带鱼能补充大脑营养，健脑益智。带鱼中的维生素A能维持皮肤黏膜的完整性，保证人体第一道免疫防线的防御功能不受破坏，同时促进抗体和免疫因子的产生。

酸菜鱼

- 主 料 -

鲤鱼1000克
四川酸菜200克

- 辅 料 -

野山椒20克
姜末10克
蒜片10克
蛋清20克

- 调 料 -

盐1/2小匙
胡椒粉1/2小匙
水淀粉1小匙
食用油1大匙

制作方法

1.将四川酸菜改刀切片，用水冲洗一下，以免太咸。

2.将鲤鱼处理干净，改刀切成大片，加盐、少许胡椒粉、蛋清抓匀上浆，淋上水淀粉。

3.锅中倒油烧热，下入野山椒、姜末、蒜片，爆香后放入四川酸菜，小火慢炒1分钟。

4.倒入清水，加入剩余的胡椒粉烧开。

5.慢慢下入鱼片，煮熟即可。

营养功效

鲤鱼富含的优质蛋白质可为抗体形成提供物质基础；含有的维生素E可提高机体免疫力，而其中的锌则可以协助维持正常的免疫功能。鲤鱼搭配富含有机酸、维生素的酸菜食用，可增强人体免疫力。

奶汤鲫鱼

- 主料 -

小鲫鱼2条

- 辅料 -

香菜5克
生姜5克

- 调料 -

料酒2小匙
盐1小匙
胡椒粉1/2小匙
香油1/2小匙
化猪油1大匙
花生油1大匙

制作方法

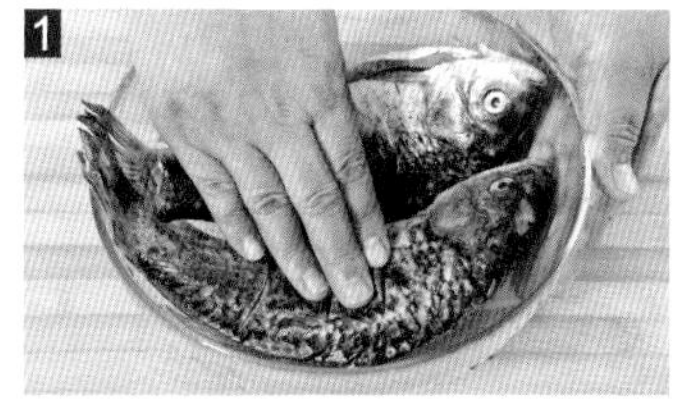

1.将小鲫鱼宰杀处理干净，揩干水，在鱼身两侧各划出一字花刀。在鲫鱼表面抹匀1小匙料酒和1/2小匙盐，腌制5分钟。

2.生姜刨皮洗净，切片；香菜洗净，切段。

3.锅置火上，倒入花生油和化猪油烧热，下入姜片，用手勺压住姜片在锅底来回擦数下。

4.放入鲫鱼，煎至两面变黄、稍硬。

5.烹入剩余料酒，加入3杯开水，以旺火煮至汤白，加入剩余盐和胡椒粉调味，继续煮至鱼熟，拣出姜片。

6.盛入汤盆内，淋香油，撒香菜段即成。

营养功效

鲫鱼中含有优质的蛋白质，可为抗体形成提供物质基础；鲫鱼中硒元素含量丰富，硒可维持机体正常的免疫功能；鲫鱼中的维生素E可调节机体的免疫功能，增强人的体质。

萝卜丝鲫鱼汤

- 主 料 -

鲫鱼500克
白萝卜300克

- 辅 料 -

大葱1段
姜1小块

- 调 料 -

盐1/2小匙
料酒1大匙
食用油1大匙

制作方法

1.白萝卜去皮，洗净，切成细丝。大葱、姜均洗净，葱切成葱花，姜切成细丝。

2.鲫鱼去鳞、鳃及内脏，洗干净，在鱼身两面划十字花刀。炒锅上火，倒油烧热，放葱花爆香，放入鲫鱼煎至两面金黄。

3.倒入适量清水，放入姜丝、萝卜丝、盐和料酒，盖上锅盖，大火煮开。

4.调至小火慢炖10分钟左右。

5.装盘即可。

营养功效

鲫鱼中丰富的硒元素可维持机体正常的免疫功能；鲫鱼中的维生素E可调节机体的免疫状态。白萝卜中的木质素能提高巨噬细胞的活力，白萝卜中还含有能分解致癌物亚硝胺的多种酶。鲫鱼和白萝卜两者搭配食用，可显著提高人体的免疫力，预防癌症。

橙香鱼片

– 主 料 –

龙利鱼肉200克
橙子2个

– 辅 料 –

蛋黄2个

– 调 料 –

干淀粉2大匙
白糖2大匙
白醋1大匙
番茄酱1小匙
料酒2小匙
盐1小匙
水淀粉2小匙
色拉油200克

制作方法

1.龙利鱼肉解冻后洗净，斜刀切成0.8厘米厚的片。

2.鱼片放入小盆内，加入盐和料酒抓匀，腌制10分钟，再加入蛋黄和干淀粉拌匀。

3.将橙子榨汁，放入碗内，加入白糖、白醋和番茄酱调匀成味汁。

4.坐锅点火，倒入色拉油烧至六成热，下入龙利鱼片炸至表面呈金黄色且熟透后捞出。

5.锅内留少许底油，倒入味汁煮沸，勾入水淀粉至味汁浓稠。

6.倒入炸好的龙利鱼片拌匀，装盘即成。

营养功效

龙利鱼中的n-3脂肪酸可以抑制人体内的自由基，抗动脉粥样硬化，有利于降低癌症发病率；橙子中富含的维生素C可促进抗体形成。龙利鱼和橙子两者搭配食用，对提高人体免疫力大有帮助。

香柚炒鱼米

－主料－

黑鱼肉200克
柚子200克

－辅料－

石榴籽20克
蛋清1个
姜末10克

－调料－

盐1小匙
料酒1小匙
干淀粉1小匙
水淀粉2小匙
鲜汤3大匙
色拉油2大匙

制作方法

1.黑鱼肉洗净，沥干水，切成小粒；柚子去皮，取肉，同样切成小粒。

2.黑鱼肉粒加入2/3小匙盐、料酒、干淀粉和蛋清拌匀上浆。

3.净锅上火烧热，倒入色拉油烧至四成热，下入黑鱼肉粒滑散，倒出沥干油。

4.锅内留底油烧热，投入姜末爆香，倒入黑鱼肉粒和柚子粒炒匀。

5.倒入鲜汤，加入剩余的盐调味，用水淀粉勾薄芡，起锅装盘，点缀石榴籽即成。

营养功效

黑鱼富含蛋白质，而蛋白质可以为抗体形成提供物质基础；黑鱼中的锌元素能促进免疫器官胸腺的发育，使其正常生成T细胞。黑鱼搭配富含维生素C的柚子食用，可显著增强人体免疫力。

家常烧小黄花

- 主 料 -

小黄花鱼6条

- 辅 料 -

葱片15克
姜片15克
蒜片15克
香菜5克

- 调 料 -

盐1/2小匙
干淀粉30克
料酒2小匙
生抽2小匙
醋1小匙
糖1/4小匙
食用油2大匙

制作方法

1.小黄花去鳃和肠，去鳞后清洗干净，放上少许葱片、少许姜片和1/2小匙料酒，撒盐腌渍15分钟。

2.将锅烧至足够热，加入油，滑锅后，放入裹了一层干淀粉的小黄花鱼，中小火煎至两面金黄。

3.撒入葱片、姜片、蒜片。

4.烹入剩余料酒、生抽、醋，加糖，倒入刚好没过鱼的水，盖上锅盖，大火烧开。

5.中小火将汤汁收至浓稠。

6.盛出，放香菜点缀即可。

营养功效

小黄花鱼含有的微量元素硒能清除人体代谢产生的自由基，能延缓衰老，提高免疫力，对一些癌症有一定的预防作用。

香煎三文鱼

- 主料 -

三文鱼约400克

- 辅料 -

青柠檬1/2个
口蘑2朵
芦笋5根

- 调料 -

现磨黑胡椒碎1/4小匙
盐1/2小匙
橄榄油1小匙

制作方法

1.三文鱼撒少许盐，挤上青柠檬汁，撒上少许黑胡椒碎，腌渍10分钟。
2.芦笋洗净，留顶端备用。口蘑切片。
3.锅中倒入橄榄油，烧至三四成热。
4.将三文鱼放入锅中，中小火煎制3~4分钟。
5.至鱼肉两面金黄，放入芦笋煎制。
6.三文鱼煎好后盛出，锅中再放入口蘑，在口蘑、芦笋上撒剩余的盐和黑胡椒碎。
7.盘中放入芦笋垫底，放上三文鱼、口蘑，用切成片的青柠檬装饰即可。

营养功效

三文鱼中含有的优质蛋白质可为抗体形成提供物质基础；三文鱼中含有的硒具有抗氧化能力，帮助人体抑制自由基的产生；三文鱼中含有的大量n-3脂肪酸能有效降低血脂，防止血栓形成。

奶汤鱼头

– 主 料 –

白鲢鱼头500克

– 辅 料 –

葱20克
姜20克
蒜10克

– 调 料 –

盐1/2小匙
白糖1/2小匙
高汤3大匙
胡椒粉1/2小匙
食用油1大匙

制作方法

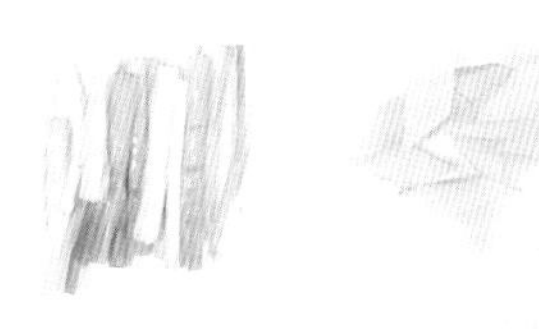

1.姜切片，葱切段。

2.热锅中倒入油，把鱼头煎至微黄。

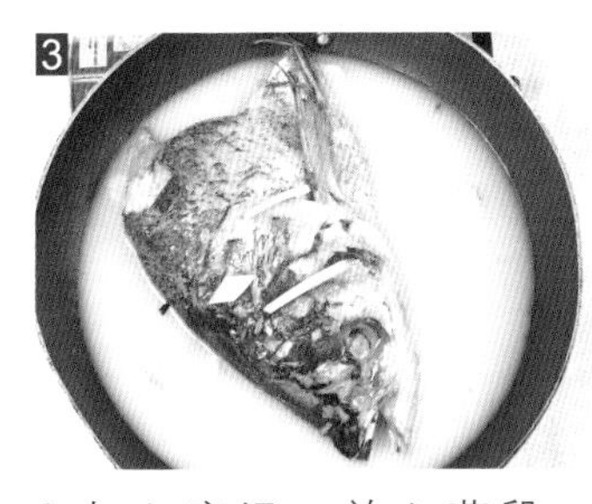

3.加入高汤，放入葱段、姜片、蒜。

4.加入盐、白糖、胡椒粉调味，再煮15分钟即可。

营养功效

鲢鱼头含有的丰富的不饱和脂肪酸和卵磷脂，可降低血清中胆固醇的水平；鲢鱼中含有的n–3脂肪酸可提高免疫力，帮助降低某些癌症的发病率。

滑炒鱼片

- 主 料 -

草鱼300克

- 辅 料 -

鸡蛋清1个
葱丝10克
姜丝10克

- 调 料 -

盐1小匙
料酒10毫升
水淀粉2小匙
鲜汤100毫升
香油1小匙
色拉油200克

制作方法

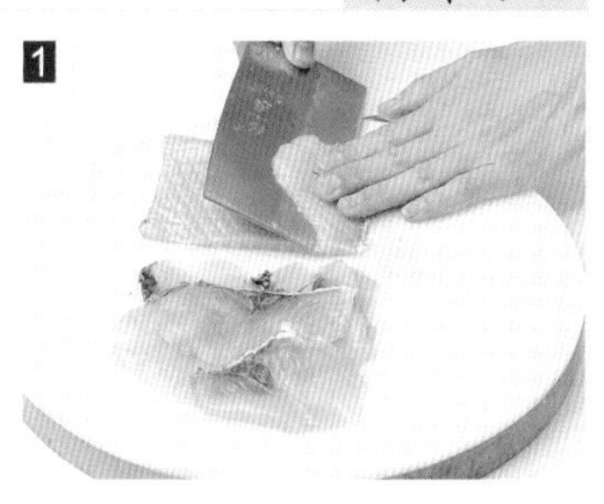

1.将草鱼处理好，切成片，加盐、料酒、水淀粉、蛋清拌匀，腌至入味。

2.炒锅放油烧至五成热，下鱼肉片滑至八成熟，捞出沥油。

3.炒锅留少许油烧热，下葱丝、姜丝爆香，烹入料酒。

4.放入鱼片，加盐及鲜汤烧开。

5.用水淀粉勾芡，淋上香油，出锅即成。

营养功效

草鱼中含有的优质蛋白质是抗体形成的物质基础；同时含有较多的硒元素，也有利于提高人体免疫力。

红烧鱼头豆腐

－主料－

鱼头400克
豆腐2块

－辅料－

红辣椒1个
香葱2棵

－调料－

料酒1大匙
老抽1小匙
生抽1小匙
白糖1小匙
盐1/2 小匙
食用油1大匙

制作方法：

1.鱼头洗净，先用料酒、盐抹匀，腌制10分钟。豆腐切小方块；香葱部分切段，部分切丝；红辣椒切丝。
2.锅入油烧热，放入豆腐块，小火慢煎至豆腐表面呈金黄色，盛出。放入鱼头，小火煎好一面后，翻面煎另一面，煎好后倒入清水，大火煮开。
3.放入煎好的豆腐，倒入料酒、生抽、白糖、老抽，大火煮开后转小火煮至汤汁浓稠。
4.放入香葱段，大火煮至收汁，装盘后摆上红辣椒丝、香葱丝即可。

营养功效：

鱼头是高蛋白质食物，豆腐也含有丰富的优质蛋白质。两者搭配食用，可增强体质，提高机体免疫力。

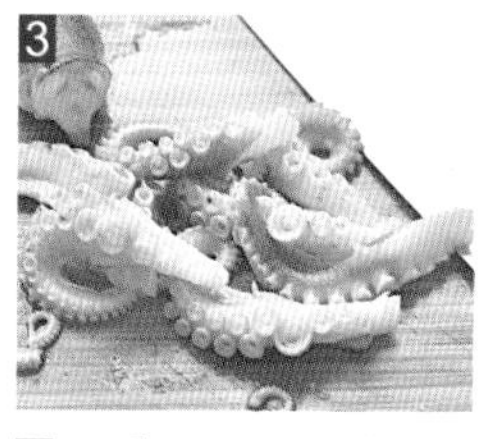

葱拌八带

- 主 料 -

八带300克

- 辅 料 -

葱片、姜片各10克
姜丝、葱段各5克

- 调 料 -

料酒1大匙
香醋1大匙
醋1/2小匙
香油1/2小匙
味极鲜1小匙

制作方法:

1.八带清洗干净。锅入水烧至八成热，倒入料酒，放入葱片、姜片，放入八带，倒入醋，烧开。
2.汆至八带身体变色、腿打卷、头部变硬，捞出，投入凉开水中过凉。
3.将八带改刀，去口器（小八带可以不必切除）。
4.加入姜丝和葱段。
5.加入味极鲜、香醋、香油。
6.拌匀，装入容器即可。

营养功效:

八带中的优质蛋白质可为抗体形成提供物质基础；八带中的硒元素能维持机体正常的免疫功能。

彩椒爆鲜鱿

主料

小鱿鱼6只

辅料

青椒1个
红椒1/2个
葱片、姜片各15克

调料

生抽1小匙
料酒1/2小匙
盐2/3小匙
香油1小匙
水淀粉2小匙
食用油1大匙

制作方法

1.小鱿鱼清洗干净。
2.将小鱿鱼去掉软刺，挤掉口器，将头部拔出，去内脏，切成3~4厘米长的段。
3.青椒和红椒均洗净，切成大小合适的块。
4.锅中烧水，待水温八九成热，下入小鱿鱼汆3~5秒钟至变色，捞出沥水。
5.锅中放油，煸香葱片和姜片，放入青椒块和红椒块翻炒至有香味。
6.倒入小鱿鱼，翻炒十几下。
7.放入生抽、料酒、盐、水淀粉，炒匀至汤汁收干后关火，淋入香油。
8.盛出即可。

营养功效

鱿鱼脂肪含量低，优质蛋白质的含量丰富，经常食用有利于人体免疫力的建立；同时鱿鱼含有较丰富的微量元素硒，能帮助人体抗氧化，抑制自由基的产生。但要注意的是，鱿鱼的胆固醇含量不低，吃的时候注意控制量。

锅仔泥鳅片

- 主 料 -

泥鳅250克

- 辅 料 -

黄豆芽100克
莴苣150克
滑子菇100克
香菜段10克
姜末10克
蒜末10克

- 调 料 -

豆瓣酱1大匙
剁椒酱1大匙
料酒2小匙
干淀粉2小匙
酱油2小匙
盐1/2小匙
色拉油1大匙

制作方法

1.将泥鳅去骨，切成厚片，放入小盆内，加入料酒、少量盐和干淀粉拌匀，腌制10分钟。
2.豆瓣酱剁细；莴苣去皮，切成约5厘米长、筷子粗的条。
3.黄豆芽和滑子菇均放入沸水中焯透。
4.锅置火上，倒入色拉油烧热，下入姜末和蒜末炸香，下豆瓣酱和剁椒酱炒出红油，放入莴苣条、黄豆芽和清水滑子菇略炒。
5.倒入适量开水煮至断生，捞入锅仔内垫底。
6.将泥鳅片下入锅内煮熟，加入酱油和剩余盐调好味。
7.起锅倒入锅仔内，撒香菜段。
8.将锅仔置于点燃的酒精炉上，上桌即成。

营养功效

泥鳅是高蛋白低脂肪食物，而蛋白质可为抗体形成提供物质基础；泥鳅还富含维生素A、钙、硒等营养物质，搭配黄豆芽、莴苣、滑子菇食用，能提高人体免疫力。

水炒蛤蜊鸡蛋

- 主 料 -

蛤蜊肉200克
鸡蛋3个

- 辅 料 -

韭菜1小把

- 调 料 -

盐1/2小匙
食用油1小匙

制作方法：

1.蛤蜊肉洗净。韭菜洗净，切成段。
2.在蛤蜊肉碗中打入3个鸡蛋，充分搅拌均匀。
3.加入韭菜段、盐，搅拌均匀。
4.锅中加入80毫升水，淋上食用油。
5.待水开时将蛤蜊肉和鸡蛋液的混合物倒入锅内。
6.用中小火推炒至蛋液凝固，关火即可。

营养功效：

蛤蜊肉和鸡蛋都富含优质的蛋白质，其组成蛋白质的氨基酸种类及配比较为合理，能很好地被人体消化吸收，为人体内抗体的形成提供物质基础，从而提高免疫力。

第四部分

特效营养餐——免疫力低下者的食谱

免疫力低下的人更容易生病，所以，对这部分人来说，提高免疫力是当务之急，而食疗就是一种行之有效的方法。为此，我们特别挑选了一些具有特殊保健功效的食材，精心制作了 20 多道有助于提高免疫力的美味营养餐。希望大家在享受美味的同时促进免疫力的提升，对抗疾病。

参鸡汤

- 主料 -

童子鸡1只
鲜人参2根
糯米150克

- 辅料 -

大蒜10瓣
生姜2片
红枣6个
板栗6粒

- 调料 -

盐2小匙
胡椒粉1小匙

制作方法

1.将童子鸡宰杀去毛，从下腹部横切一小口，掏出内脏，洗净血污，擦干水。
2.用刀剁去鸡爪和鸡翅尖。
3.糯米洗净，放入温水中浸泡2小时，捞出沥干水；鲜人参洗净，切去顶部；大蒜、红枣和板栗分别洗净。
4.将糯米装入鸡腹内。
5.将鸡腿交叉穿进鸡的肚皮，鸡腹朝上、鸡背朝下装入砂锅内。
6.加入板栗、红枣、姜片、大蒜和人参，加入清水没过鸡身。
7.用大火煮沸，转小火炖50分钟至鸡肉熟烂，最后加入盐和胡椒粉调味即成。

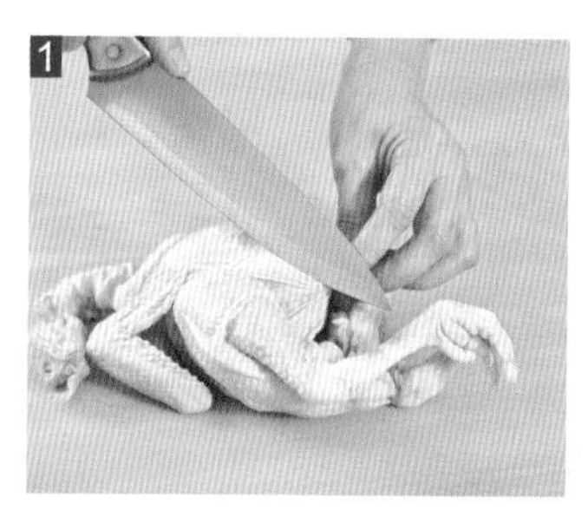
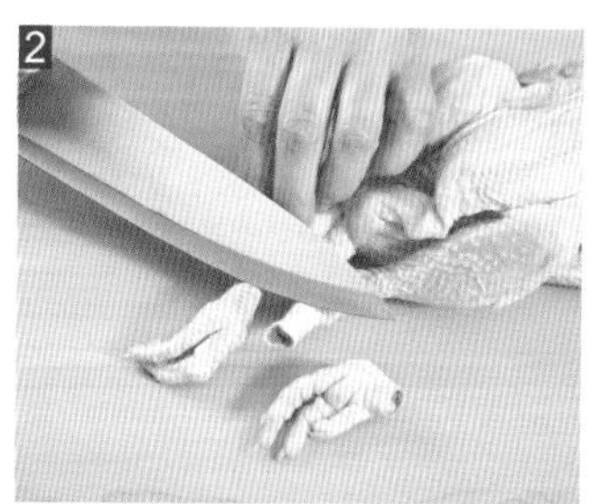
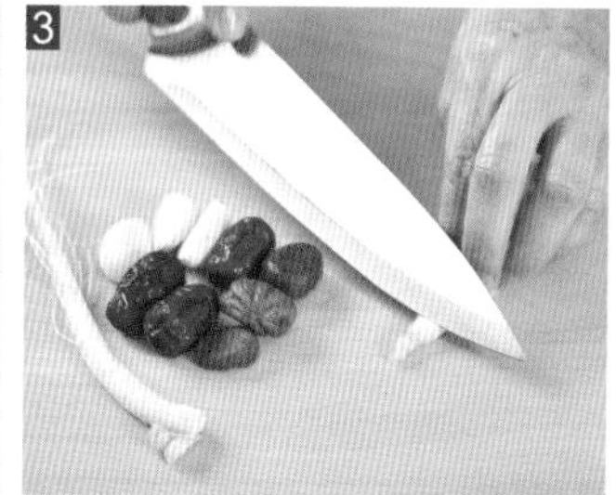

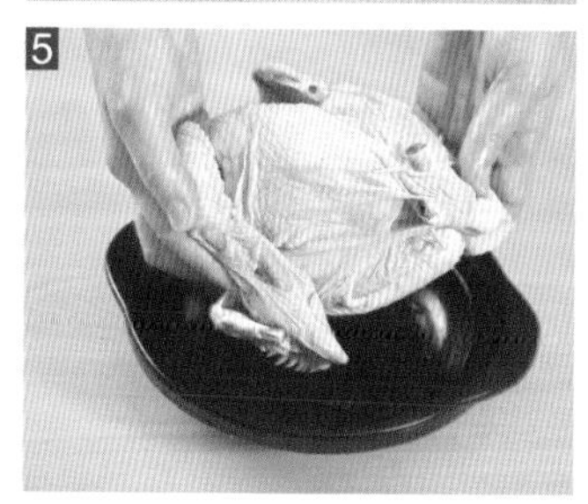

营养功效

鸡肉、糯米蛋白质含量较高，氨基酸种类多，而且消化率高，很容易被人体吸收利用，既能为抗体形成提供物质基础，又有增强体力、强身健体的作用。

龙眼土鸡汤

- 主 料 -

净土鸡半只
（重约600克）
龙眼10颗

- 辅 料 -

红枣6颗
鲜香菇6朵
生姜3片

- 调 料 -

盐1小匙

制作方法

1.净土鸡剁成小块；龙眼剥壳去核；红枣洗净。

2.鲜香菇洗净去蒂，在表面切十字花刀。

3.坐锅点火，倒入适量清水，放入土鸡块焯透，捞出洗净。

4.砂锅上火，倒入开水，放入土鸡块、姜片、红枣和鲜香菇。

5.大火煮沸，撇净浮沫，转小火炖20分钟。

6.再加入龙眼炖5分钟，调入盐，盛入碗中即成。

营养功效

鸡肉富含优质蛋白质，消化率高，很容易被人体吸收利用，既能为抗体形成提供物质基础，又有增强体力、强身健体的作用。香菇中的多糖可抗肿瘤，并能调节免疫功能。

八宝鸡汤

- 主 料 -

母鸡肉1500克

- 辅 料 -

猪肉750克
猪杂骨750克
药袋1个
（内装熟地黄、当归各7.5克，党参、白术、茯苓、白芍各5克，川芎3克，炙甘草2.5克）
生姜10克
香葱5克

- 调 料 -

料酒20毫升
盐1小匙

制作方法

1.鸡肉、猪肉、猪杂骨分别洗净，控干。

2.将鸡肉、猪肉、猪杂骨和药袋同放入锅内，加适量水。

3.煮沸后撇去浮沫，加入生姜、香葱和料酒。

4.用小火将原料炖烂，捞去药袋、猪骨。

5.捞出煮好的鸡肉、猪肉，分别切成片。

6.将鸡肉片、猪肉片再放回汤锅内，加盐调味即成。

营养功效

鸡肉、猪肉都富含优质蛋白质，消化率高，很容易被人体吸收利用，既能为抗体形成提供物质基础，又有增强体力、强身健体的作用。铁元素是血红蛋白的重要组成部分，参与细胞中氧气与二氧化碳的转运，是抗体形成的有力后盾。

竹荪鸽蛋汤

- 主 料 -

鸽蛋10个
水发竹荪100克

- 辅 料 -

香菜叶5克

- 调 料 -

盐1小匙
胡椒粉1/3小匙
香油1小匙
清鸡汤3杯
食用油1大匙

制作方法

1.水发竹荪切去两头，洗净，剖开切片，下入沸水锅内焯透，捞出沥干。

2.取10只干净的小圆碟，在其内壁均匀地涂一层油。

3.在每只碟内打入1个鸽蛋，放入蒸笼中用微火蒸熟。

4.锅置火上，倒入清鸡汤烧沸，放入竹荪片，加入盐和胡椒粉调味，稍煮后出锅，盛入汤盆内。

5.将蒸熟的鸽蛋从小碟中倒出，放入汤盆内，点缀香菜叶，淋香油即成。

营养功效

鸽蛋中蛋白质、维生素A、铁等营养素都有助于提高免疫力；竹荪中的多糖物质能够清除自由基，增强免疫细胞的活性，提高单核细胞的吞噬作用，抑制癌细胞生长。两者搭配食用，尤其适宜免疫力低下的老年人食用。

奶香猴头菇

- 主 料 -

水发猴头菇200克
牛奶1/3杯

- 辅 料 -

嫩青菜心50克

- 调 料 -

盐1小匙
干淀粉1大匙
水淀粉1大匙
色拉油1大匙

制作方法

1.将水发猴头菇挤干，切成厚片，加入1/2小匙盐，再加入干淀粉拌匀。

2.嫩青菜心洗净，对半切开。

3.锅置旺火上，倒入1杯清水和1小匙色拉油，煮沸后逐片下入猴头菇焯透，捞出沥干水。

4.净锅重置火上，倒入剩余色拉油烧热，下入嫩青菜心炒至变色，倒入牛奶。

5.加入剩余的盐调好味，放入猴头菇片，略烧至入味，用水淀粉勾芡，装盘即成。

营养功效

猴头菇是营养价值极高的山珍，特别是其中的提取物具有清除自由基、抗肿瘤、抗菌等多种功效；菜心富含的维生素C和牛奶富含的蛋白质都有助于抗体的合成。三者搭配食用，可有效提高人体免疫力。

松露野菌比萨

－主料－

松露30克
白蘑菇40克
杏鲍菇40克
蟹味菇40克
比萨面团120克

－辅料－

芝士碎120克
番茄酱60克

－调料－

盐1小匙
橄榄油10克

制作方法

1.松露、杏鲍菇、白蘑菇均切片，蟹味菇切段。

2.起锅热油，放入白蘑菇、杏鲍菇、蟹味菇炒香，放入盐调味。

3.将比萨面团擀平、摊圆。

4.用9寸烤盘盖在面皮上面，将面皮修圆放入烤盘，用叉子轻轻戳出气孔，再放入180℃的烤箱烤3分钟。

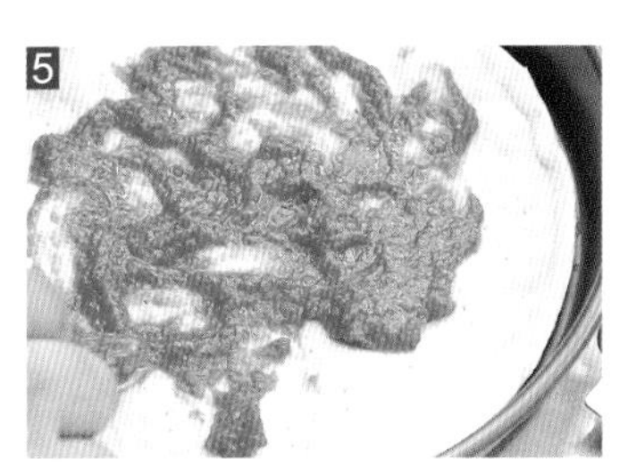

5.取出烤好的比萨底，抹上番茄酱，撒上60克芝士碎。

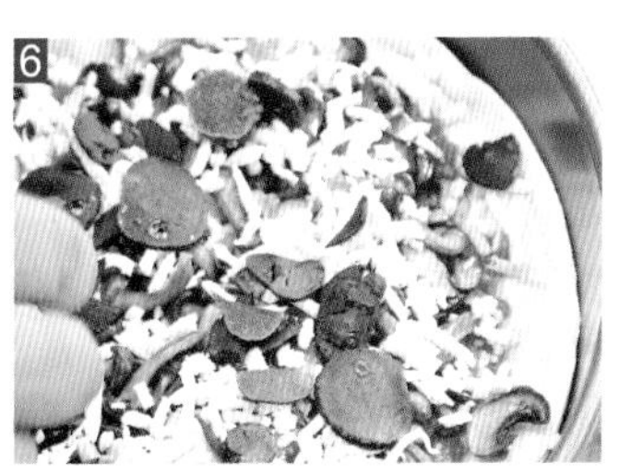

6.再铺上炒香的菌菇，撒松露与剩余的芝士碎，放入180℃烤箱烤8分钟即可。

营养功效

菌菇类食材可以为人体补充蛋白质、钙、多糖类物质，可清除人体内的自由基，起到抗肿瘤、提高免疫力的作用。

牛肝菌炒水芹

- 主 料 -

黄牛肝菌200克

- 辅 料 -

水芹100克
青椒、红椒各100克
小米辣椒20克

- 调 料 -

盐5克
酱油膏5克
橄榄油15克

制作方法：

1.黄牛肝菌切片，焯水，待用。水芹切段，青椒、红椒均切条，小米辣椒切碎。
2.锅内放入橄榄油，加入小米辣椒碎、水芹段、黄牛肝菌片、酱油膏、盐，翻炒1分钟后，加入青椒条、红椒条，大火翻炒至熟出锅即可。

营养功效：

牛肝菌含有丰富的蛋白质及多种矿物质。常吃牛肝菌具有预防感冒、增强机体免疫力的功效。

鲜百合双果煸榆耳

- 主 料 -

榆耳200克

- 辅 料 -

蛇皮果1个

杧果100克

圣女果100克

鲜百合50克

甜豌豆20克

- 调 料 -

酱油膏10克

黄油50克

盐3克

制作方法:

1.杧果、蛇皮果均去皮，切块；榆耳用温水涨发去根，切成薄片，过水烫一下，待用。

2.锅内放入黄油，依次加入榆耳、酱油膏，略炒后放入甜豌豆、蛇皮果、杧果、圣女果、鲜百合，加盐调味，出锅装盘即可。

营养功效:

榆耳是一种高蛋白、低脂肪的食材，能有效提高人体免疫力。蛇皮果果肉白中带黄，咬下去爽脆，带有淡淡香气，特别清脑，因此适合长时间用脑的人食用。两者搭配食用，不仅味美，还有很好的营养功效。

石榴银耳汤

- 主料 -

石榴1个
干银耳10克

- 辅料 -

莲子30克
枸杞10粒

- 调料 -

绿茶茶包1个

制作方法

1.石榴去皮，将籽放入料理机内搅打，过滤得到石榴汁。

2.干银耳用凉水泡发，择去黄色硬蒂，用手撕成小朵；莲子放入凉水中浸泡半小时，捞出沥干水。

3.将绿茶茶包放入汤锅内，倒入适量清水煮沸，继续煮片刻后捞出茶包。

4.放入银耳和莲子，煮沸后盖上锅盖，炖1小时至银耳软烂。

5.加入石榴汁。

6.撒入枸杞，盛出即成。

营养功效

石榴富含钾元素；莲子中的蛋白质、铁都有助于促进抗体形成；银耳中的银耳多糖和硒可增强机体抗肿瘤的能力。三者搭配食用，可有效提高人体免疫功能。

杂粮银耳汤

－主料－

银耳25克

－辅料－

嫩玉米粒75克
薏米25克
莲子25克
枸杞10粒

－调料－

木糖醇30克
水淀粉1大匙

制作方法

1.银耳放入凉水中泡发，去蒂后撕成小片；将木糖醇用料理机打成粉。

2.砂锅置火上，倒入适量清水煮沸，放入薏米、莲子和银耳。

3.用小火炖半小时至汤汁有黏性，加入嫩玉米粒煮熟。

4.加入木糖醇粉煮化。

5.用水淀粉勾玻璃芡，撒入枸杞，搅匀后继续煮至沸腾即成。

营养功效

玉米中的维生素E和玉米黄酮可延缓人体衰老，增强人的体力和耐力；薏米、莲子、银耳中的活性物质可以抗肿瘤、抗菌，促进免疫细胞的生成和活化，从而提高免疫力。

枸杞炖银耳

－ 主 料 －

水发银耳200克

－ 辅 料 －

枸杞25克

－ 调 料 －

木糖醇30克

制作方法:

1.将枸杞洗净，用凉水泡透；水发银耳拣去杂质，洗净后撕成小朵，捞出沥干水。
2.锅置火上，倒入适量清水煮沸，放入银耳，用小火煨炖至银耳软烂。
3.再加入枸杞和木糖醇继续炖10分钟，出锅装入汤碗即成。

营养功效:

银耳多糖是一种重要的生物活性物质，能够增强人体免疫功能。银耳还富含硒，可增强机体抗肿瘤的能力，并增强肿瘤患者对放疗、化疗的耐受力，是肿瘤患者的调养佳品。

维生素果蔬汁

- 主 料 -

番茄150克
胡萝卜150克

- 辅 料 -

西芹50克
柳橙50克

- 调 料 -

蜂蜜1小匙
碎冰20克

制作方法：

1.胡萝卜去除泥沙，冲洗干净，削去外皮，切成薄片。
2.番茄洗净去蒂，用开水烫一下，剥去外皮，切成小块。
3.西芹择除老叶，冲洗干净，切成小段。
4.柳橙洗净，削皮去种，切成小块。
5.将处理好的所有材料放入榨汁机，充分搅打成汁，过滤。
6.将过滤好的果蔬汁倒入果汁杯中，加入蜂蜜、碎冰，调匀即可。

营养功效：

番茄和胡萝卜能为人体补充维生素A、维生素C和多种矿物质，可以维持皮肤黏膜的完整性，同时促进抗体和免疫因子的产生，对心血管也有很好的保护作用。

花旗参黑鱼汤

- 主 料 -

黑鱼1条
花旗参5克

- 辅 料 -

枸杞10粒
生姜5克

- 调 料 -

料酒2小匙
盐1小匙
香油1/3小匙

制作方法

1.黑鱼宰杀，处理干净，取净肉切成厚片；鱼骨剁成小块。

2.生姜切成丝；花旗参和枸杞均用温水洗净，沥干。

3.鱼片和鱼骨放入沸水中汆烫，去净黏液和血污，放入炖盅内，依次加入姜丝、枸杞、花旗参、料酒和适量开水。

4.炖半小时，加入盐调味，淋香油即成。

营养功效

黑鱼富含蛋白质，且含有种类较齐全的氨基酸，可为抗体形成提供物质基础；黑鱼中的锌元素能促进免疫器官胸腺的发育，能使T细胞正常分化。

芦笋百合炒明虾

— 主料 —

芦笋200克
百合200克
大虾100克

— 辅料 —

葱花1小匙
蒜片5克

— 调料 —

盐1小匙
白糖1小匙
水淀粉10克
色拉油1大匙
香油1小匙

制作方法

1.将芦笋削皮，去掉老的部分，洗净。
2.芦笋切段。鲜百合用水冲洗干净，待用。
3.大虾洗净，用牙签挑除沙线。
4.锅中加水烧沸，放入大虾汆水，捞出，除去虾头，装盘备用。
5.净开水锅中放入芦笋焯水，立即捞出，沥水。
6.炒锅置火上烧热，下入色拉油，待油温升至六七成热时放入葱花、蒜片爆香，放入芦笋、百合、大虾同炒。
7.加入盐、白糖翻炒均匀入味，用水淀粉勾芡，淋入香油，出锅装盘即成。

营养功效

虾含有优质蛋白质；芦笋中的硒元素能有效消除体内产生的自由基，可抑制致癌物的活力，具有防癌、抗癌的功效。

木耳香葱爆河虾

- 主料 -

小河虾350克

- 辅料 -

木耳50克
香葱段50克

- 调料 -

盐1小匙
植物油1大匙

制作方法

1.小河虾洗干净，除去泥沙杂质。

2.炒锅置旺火上，加入清水烧沸，放入小河虾汆水。

3.木耳用清水浸泡至涨发，捞出择洗干净，备用。

4.炒锅中加入植物油烧热，下入香葱段爆香，加入小河虾、木耳。

5.调入盐翻炒均匀，炒至入味，出锅装盘即成。

营养功效

河虾富含蛋白质、铁等营养素，可增强体质，对身体虚弱、贫血以及病后需要调养的人最有益；黑木耳中铁的含量极为丰富，既可帮助合成抗体，又可预防缺铁性贫血。

香菇海参汤

- 主 料 -

水发香菇50克
水发海参100克

- 辅 料 -

葱2小段
姜3片

- 调 料 -

盐1小匙
色拉油1/2大匙

制作方法

1.香菇洗净，去柄切片。

2.海参处理干净，切片。

3.起油锅烧热，投入葱段、姜片煸香，加入香菇片、海参片快速翻炒。

4.加入开水1碗，文火煨30分钟，调入盐即成。

营养功效

海参、香菇中含有多种活性物质，如海参多糖、海参皂苷、香菇多糖等，两者搭配食用，具有刺激机体产生抗体，增强免疫力的作用，还有抑制肿瘤细胞增殖、抗菌等功效。

芝士牛肉饼

-主料-

牛肉馅200克
奶油芝士80克

-辅料-

番茄酱60克
青橄榄圈10克
洋葱30克
荷兰芹30克

-调料-

盐1小匙
黑胡椒碎1小匙
橄榄油20克

制作方法

1.25克洋葱、25克荷兰芹均切碎，放入牛肉馅中，撒盐、黑胡椒碎调味。将食材搅拌在一起，并加水慢慢搅动，让牛肉充分吸收水分变得筋道。

2.取重约60克的混合牛肉馅捏成球，压一个洞。取20克奶油芝士塞在里面，然后封住洞口，再压成饼。剩余牛肉馅依次做成肉饼。

3.起锅加油，将牛肉饼两面煎至金黄、熟透，盛入盘中。

4.另起锅炒热番茄酱，再加入青橄榄圈、剩余的洋葱碎和荷兰芹碎炒香，淋在芝士牛肉饼上即成。

营养功效

芝士和牛肉搭配，可为人体补充优质动物蛋白质、铁、硒、锌等众多可以提高免疫力的营养素，促进抗体合成，调节免疫功能。

核桃三鲜

- 主 料 -

鲜核桃100克
莴笋200克
西芹200克

- 辅 料 -

胡萝卜10克

- 调 料 -

盐1/2小匙
白糖1/2小匙
植物油1/2大匙

制作方法

1.西芹撕去硬筋，切块；莴笋去皮，切菱形块；胡萝卜刻花。

2.西芹、莴笋、核桃、胡萝卜均入锅焯水，捞出沥干。

3.把锅烧热，放入植物油烧热，下入焯好的西芹、莴笋、核桃、胡萝卜，大火翻炒。

4.加入盐、白糖调味，翻炒均匀即可。

营养功效

核桃和莴笋含有丰富的蛋白质、维生素等营养素，可以促进免疫细胞的分化，促进抗体和免疫因子的产生，经常搭配食用，可调节机体免疫状态，实现免疫平衡。

花生核桃饼干

主料

低筋面粉120克
核桃30克

辅料

黄油40克
花生酱50克
鸡蛋2个

调料

黑糖50克
朗姆酒7毫升

制作方法

1.黄油放置室温回软；鸡蛋打散；低筋面粉过筛；黑糖结块的部分压散。核桃放入烤箱以150℃烤7～8分钟后取出，放凉后切成碎粒。

2.黄油切成小块，放入黑糖后用打蛋器搅打至呈乳霜状。

3.继续加入花生酱搅拌均匀。分次加入打散的鸡蛋及朗姆酒，用打蛋器搅拌均匀。

4.加入低筋面粉。

5.将混合物搅拌均匀。

6.将核桃碎加入其中混合均匀。

7.将搅拌好的面团用手捏一小块搓揉成圆球状（每个约15克重），整齐地放入烤盘中，间隔一定间距。

8.用手将圆球状面团压成厚约0.3厘米的圆片，并用叉子在面片表面压出印痕。将饼干坯放入预热到160℃的烤箱中层，烘烤约15分钟即可。

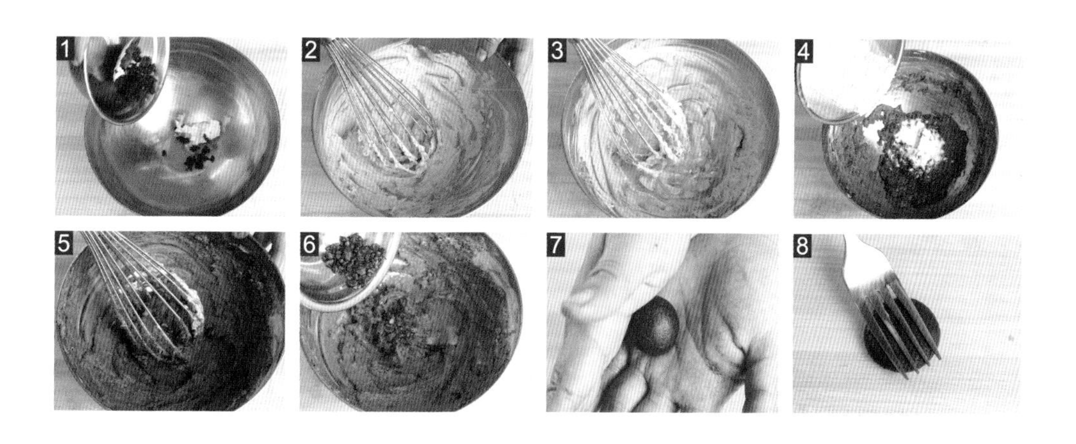

营养功效

花生和核桃可为人体补充蛋白质、维生素E、锌、铁等多种有益免疫力的营养素，免疫力低下人群可经常食用，对增强免疫功能、增强体质有帮助。

花生小圆饼

- 主 料 -

低筋面粉110克
花生酱40克

- 辅 料 -

鸡蛋1个
脱脂奶粉70克
黄油40克

- 调 料 -

木糖醇粉60克

制作方法

1.将木糖醇粉、脱脂奶粉倒入盆中，倒入打散的鸡蛋液。

2.用打蛋器搅拌，直至黄油和鸡蛋液完全混合，加入过筛后的低筋面粉。

3.倒入花生酱，用打蛋器搅拌至混合均匀。用橡皮刮刀轻轻翻拌。

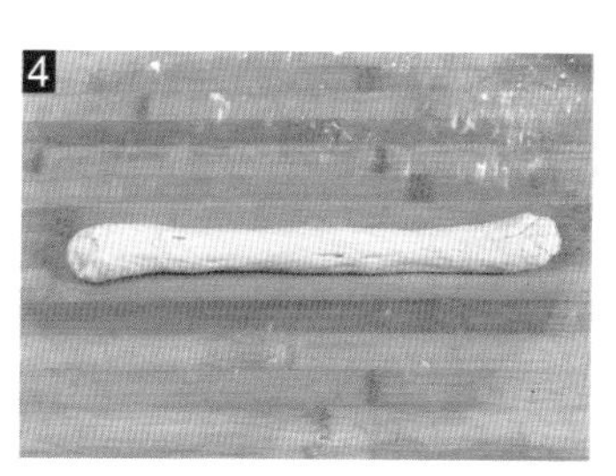

4.将面糊揉成面团，用手搓成长条。

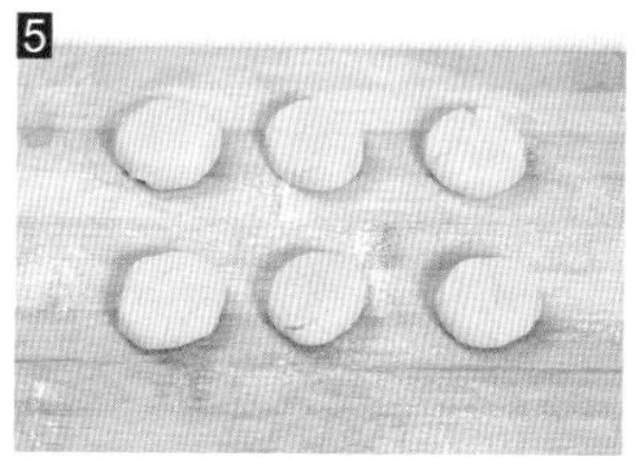

5.将搓好的长条分成若干小剂子，团成球，压扁。将饼干坯摆在烤盘上，放入预热好的烤箱，180℃烘烤20分钟即可。

营养功效

花生和面粉搭配食用可以为人体补充蛋白质、维生素E、铁等多种营养素，可促进抗体合成，加强免疫防线的功能，适合免疫力低的人食用。

芝麻饼

－主料－

低筋面粉110克
鸡蛋1个

－辅料－

白芝麻20克

－调料－

木糖醇粉50克
盐1克

制作方法

1.低筋面粉过筛。将鸡蛋打散，搅匀成鸡蛋液，盛入盆中。

2.加入木糖醇粉、盐，搅匀，再加入低筋面粉，搅匀。

3.继续搅拌面粉成稠糊状，将面糊装入裱花袋，挤在烤盘上。

4.用手轻轻压扁，再撒上白芝麻。

5.倒出多余的白芝麻。将烤盘放入预热好的烤箱，以上火200℃、下火160℃，烤至芝麻饼均匀着色即可。

营养功效

白芝麻和面粉做成的芝麻饼，可以为人体补充优质蛋白质、维生素、钙、铁等多种营养素，为抗体形成提供物质基础，增强免疫力。

黑芝麻面包

— 主 料 —

高筋面粉300克
黑芝麻20克

— 辅 料 —

鸡蛋液45克
黄油30克
酵母粉3克

— 调 料 —

盐2克
木糖醇粉30克

制作方法

1.将盐最先放在面包桶内，再加入高筋面粉、鸡蛋液、145克清水、木糖醇粉和酵母粉。

2.按下面包机的“和面”程序，先和面15分钟。

3.然后打开机盖，加入黄油块。

4.继续和面至面团光滑、能形成薄膜时，放入黑芝麻搅拌均匀。

5.搅拌完毕后，待面团发酵至原体积两倍大，开始烘烤。

6.制作完成后，马上戴上隔热手套将面包桶取出，倒出面包冷却后即可食用。

营养功效

黑芝麻富含维生素E，具有良好的抗氧化作用，可调节机体免疫状态，搭配富含蛋白质、维生素的面粉、鸡蛋食用，可增强体质，延缓衰老。

山药面包

－主料－

高筋面粉500克
煮熟的山药100克
奶粉15克
鸡蛋液100克
干酵母5克
脱脂奶粉60克

－调料－

木糖醇粉20克
盐6克

制作方法

制作山药馅：将煮熟的山药压成泥，放入木糖醇粉、40克脱脂奶粉，一起搅拌均匀即成山药馅。

1.将高筋面粉、奶粉、干酵母、鸡蛋液和200克清水一起倒入搅拌机，搅拌至面团表面光滑有弹性，再加入20克脱脂奶粉。
2.搅拌至面团能拉开薄膜。
3.以室温30℃发酵50分钟。
4.将面团分割成每个30克的剂子，分别滚圆，松弛30分钟。
5.将剂子面团擀成面片后，包入山药馅。
6.再包成橄榄形。
7.将三个橄榄形面团的一头对接在一起。
8.以温度30℃、湿度75%，发酵50分钟。
9.发酵好后，在面包坯表面刷上蛋液。
10.放入烤箱，以上火200℃、下火180℃，烘烤13分钟即成。

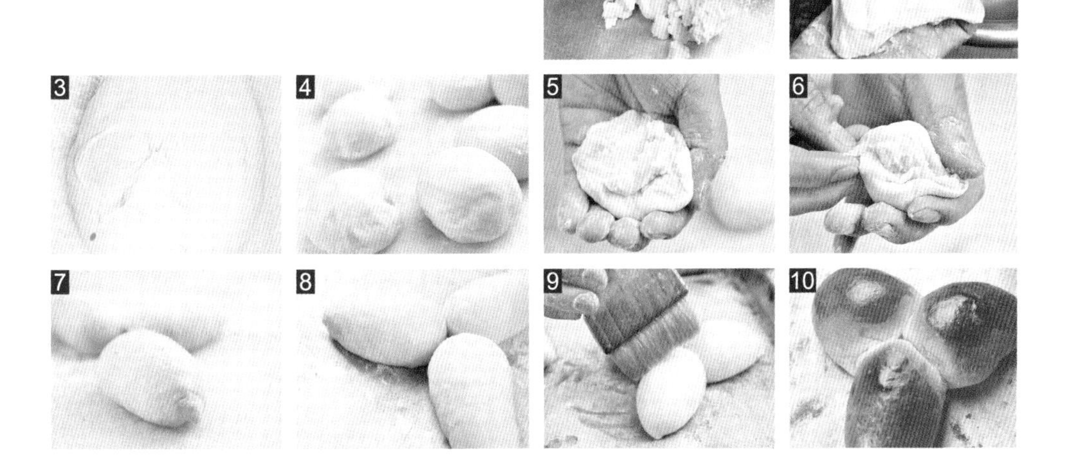

营养功效

山药中含有蛋白质、碳水化合物等营养物质，搭配面粉制作成面包食用，可增强人体免疫功能，强身健体，延缓衰老。

紫米山药

－ 主 料 －

山药100克

－ 辅 料 －

紫米50克
糯米50克

－ 调 料 －

木糖醇粉30克
脱脂奶粉20克

制作方法

1.紫米与糯米混合后，用水浸泡大约2小时。
2.山药去皮，与紫米、糯米一起放入蒸锅中，蒸约30分钟。
3.蒸好的混合米饭内加入木糖醇。
4.蒸熟的山药碾成山药泥，加入脱脂奶粉拌匀。
5.取一方形模具，将混合米饭放入模具最下面，山药泥置于混合米饭上面。
6.将模具周围多余部分抹平整理干净，并轻轻取下模具，装入盘中即可。

营养功效

山药、紫米、糯米搭配食用，能为人体补充植物蛋白质、花青素、山药多糖等营养物质，可增强人体免疫功能，强身健体，延缓衰老。

番茄炒山药

－主料－

山药350克

－辅料－

番茄150克
葱花3克
香菜3克

－调料－

盐1小匙
白糖1/2小匙
香油1小匙
番茄酱1小匙
色拉油适量

制作方法

1.山药去皮洗净，切片；番茄洗净，切成片；香菜取梗切段。
2.净锅置火上，倒入水烧沸，下入山药片焯水，捞起控净，待用。
3.炒锅置火上，倒入色拉油烧热，下葱花爆香，放入番茄煸炒。
4.再下入山药，调入盐、白糖。
5.加入番茄酱快速翻炒均匀，撒入香菜段，淋入香油，装入盘中即可。

营养功效

山药中含有蛋白质、碳水化合物等营养物质，番茄中富含番茄红素、维生素C，都有助于提高人体免疫力，增强抗病能力。

西芹果蔬汁

- 主 料 -

菠萝1个
西芹1根

- 辅 料 -

胡萝卜20克

- 调 料 -

盐1/4小匙
蜂蜜1小匙

制作方法：

1.西芹择除老叶，冲洗干净，切成小段。
2.菠萝洗净，削去外皮，对半切开，切除中间硬心，在淡盐水中浸泡片刻，捞出沥水，再切成小块。
3.胡萝卜去除泥沙，冲洗干净，削去外皮，切成条状。
4.将处理好的所有材料放入榨汁机中，加入适量纯净水，搅打成汁，过滤。
5.将过滤好的果蔬汁倒入玻璃杯中，加入盐、蜂蜜，调匀即可。

营养功效：

菠萝和西芹可以为人体补充维生素A、维生素C等多种有益免疫力的维生素和矿物质，免疫力低下的人经常饮用此饮品可促进食欲，增强抗病能力。

第五部分

运动、按摩、居家防护，在日常点滴中提升免疫力

免疫力的提升是长期作用的结果，不论是饮食、睡眠、心态，还是运动、按摩、居家防护，都需要长期坚持。基于此，本章为大家推荐能有效提升免疫力的6种有氧运动和5种按摩方法，以及一些居家卫生常识，希望大家坚持做下去，让免疫系统的三道防线都能得到加强，从而提高抗病能力，增强体质。

6种可有效提升免疫力的有氧运动

健步走

健步走是既简单又安全的有氧运动，可以促进全身的协调和血液循环，改善人的精神状态，调节免疫力，提高抗病能力。

健步走的正确方法

1. 健步走之前，要先适当地活动一下肢体、关节，调匀呼吸后再从容展步。
2. 健步走的正确姿势：挺胸抬头，两眼平视前方，肩部放松，腹部微收，腰部伸直，两臂自然摆动，两腿自然迈步，协调一致。迈步时，要按先脚跟再脚掌然后脚趾的顺序着地，脚趾着地时，要用力抓地。

运动时间和速度

1. 时间：每分钟应走120~140步，坚持每日30分钟，可一次走完，也可根据个人时间分几次累计完成。当然，大家也应考虑自己的身体情况，如果有慢性疾病，可适当放慢速度，不宜强求。
2. 强度：以行走时微微出汗、微喘、可交谈但不能歌唱，走完后人感觉轻松或轻微劳累为最佳。

注意啦！

1. 锻炼时宜选择适宜的环境，如空气清新、道路平整、花草多的公园，林间小路或河边等。

2. 衣着要宽松舒适、透气、吸汗，运动时应该穿轻便的软底鞋，不要穿高跟鞋或皮鞋。

慢跑

慢跑属于中等强度的有氧运动，可以锻炼心肺功能，促进全身的血液循环，增强体质。如果经常在室外空气清新的地方慢跑，可增强呼吸系统对气温的适应性，从而提高抵抗力。

⊙ 慢跑的正确方法

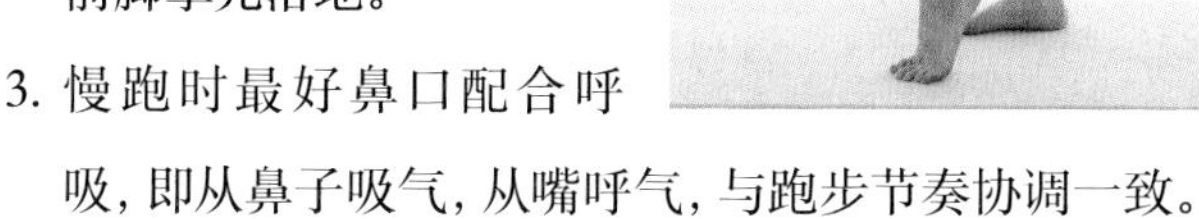

1. 准备活动：穿着宽松、舒适，做3~5分钟的热身运动，如做一些拉伸动作，活动一下脚、踝、膝关节等。
2. 慢跑的正确姿势：全身放松，上身稍向前倾，双手微微握拳，上臂与前臂弯曲成直角，双臂自然前后摆动；两脚轻轻落地，应前脚掌先落地。
3. 慢跑时最好鼻口配合呼吸，即从鼻子吸气，从嘴呼气，与跑步节奏协调一致。
4. 慢跑结束前：先减慢速度，切忌突然停下来或坐下休息，以免引发头晕、恶心、呕吐等不适。
5. 慢跑结束后：要及时补充水，注意擦汗，以免脱水和受凉；做一些放松运动，以帮助身体恢复到平静状态；如要洗澡，可在休息15分钟之后进行。

⊙ 运动时间和速度

大家应根据自己的身体情况灵活掌握慢跑的速度和时间，要量力而行，开始时可先跑一段路程，再走一段路程，交替进行，待身体适应、体力增强后，再坚持慢跑。一般达到以下标准即可。

- 心率：控制在110~120次/分，以主观上不觉得难受、不喘粗气、不面红耳赤为宜。
- 速度：匀速，以每分钟100 ~ 120米为宜。
- 时间及频率：每次15~30分钟，每周3~5次。

注意啦！

1. 慢跑应选择空气清新、人流量较小的场地进行。
2. 慢跑要控制好速度，以能保持正常呼吸为宜。
3. 饭后不要立即慢跑，也不宜在慢跑后立即进食。

⊕ 游泳

游泳是一项全身运动，可使身体的多处肌肉得到有效锻炼，增强心肺功能，扩大肺活量，促进血液循环，提高人体的新陈代谢能力，从而提高机体抵抗力和免疫力。

游泳时要全身放松，并注意保持正确的游泳姿势，以免肌肉受损。游泳主要有四种泳姿——蛙泳、仰泳、自由泳、蝶泳。每种泳姿都有优缺点，大家可根据自己的情况来选择。

泳姿	优点	缺点	适合人群
蛙泳	动作简单，游起来省力，不会对腰椎造成压力；头部能轻松出水，不影响呼吸和前方视觉	速度比其他泳姿慢，运动的效率较低	初学者或腰椎、颈椎不好的人
仰泳	比较容易学习，呼吸方便；游时躺在水面上，比较省力	仰泳的平衡感不容易掌握，鼻子容易进水、呛水；没法向前看，游起来会很不舒服	中老年人、孕妇、体质较弱或有腰背疾病的人
自由泳	阻力小，速度快，可以用最小的体能消耗来进行长距离游进，运动效率高	脸部必须长时间处于水下，呼吸时要转头，使得呼吸与身体游进的协调性很难掌握	体质好、肩背力量强的人
蝶泳	泳姿最漂亮，能充分发挥臂力，速度比较快	对腰腹力量要求极高，难度大，不好学；身体消耗太大，不适合长距离游进	身体素质好的人

注意啦！

1. 要准备舒适的泳衣、泳帽、泳镜、鼻夹等。
2. 生病、身体不适、饭后、空腹、饮酒、生理期等情况下都不宜游泳。
3. 下水前要先在岸上做准备活动，热身 10~15 分钟，活动关节、肌肉，以防受伤或发生意外。
4. 当感觉疲劳或不舒服时，应立即上岸，以免发生意外。
5. 游完后要做一些整理活动，让身体逐渐恢复到平静状态。然后去浴池更衣室冲洗身体，可在内眼角处滴 1~2 滴消炎眼药水，预防眼病。

⊕ 健身操

健身操的种类有很多，大家可根据自己的身体情况选择适合的健身操，坚持练下去，既能增强体质，又能愉悦心情，对提高免疫力大有帮助。

办公室简易健身操

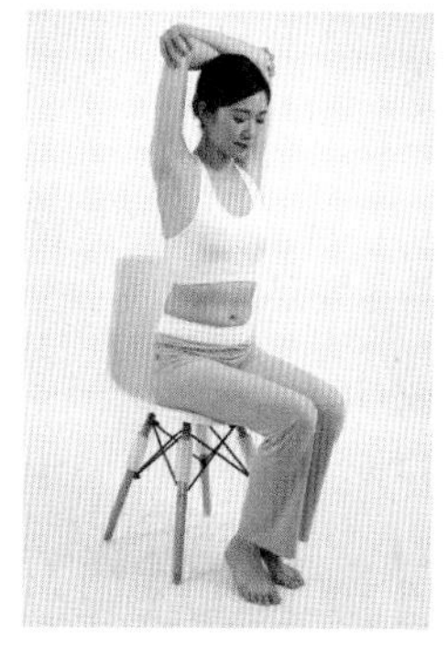
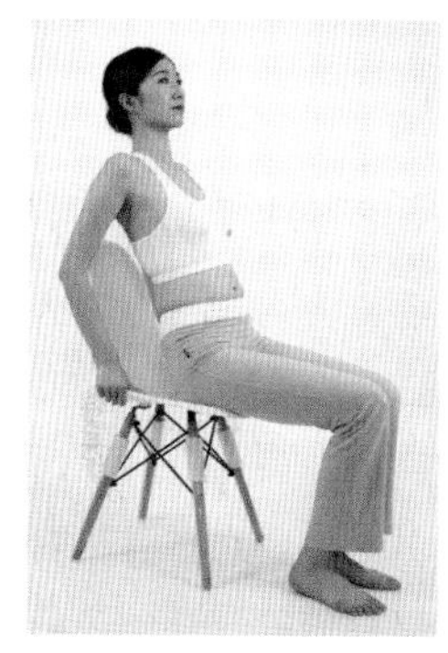
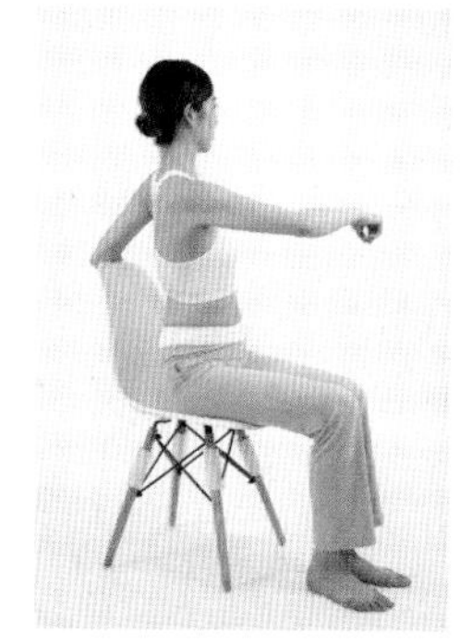

1. 双臂抬起放在脑后，左右手互抓手肘，低头向下看，深呼吸，坚持10秒后恢复坐姿。
2. 坐在椅子三分之一处，后背尽量后仰，同时双手抓住椅背，尽量把头抬高，向前推出胸部至最大限度。
3. 保持坐姿，上身尽量挺直，垂肩坠肘，右臂横放身前，左臂向后挎住椅背，转动腰部至最大限度。向反方向再做。
4. 双臂向前伸直，掌心向前，左手抓右手指尖，两手用相同大小的力度来对抗，每次坚持10秒即可。换一只手做相同的动作。

跳有氧健身操

1. 跳健身操前：先做一些伸展运动，活动四肢关节、肌肉、韧带。
2. 跳健身操时：跟着音乐、视频或是老师，每个动作都要跟着节奏，做到位，并且完成相应的组数。
3. 健身操结束后：再做一些伸展运动，及时更换汗湿的衣服，避免着凉。
4. 每次锻炼时间要保持20分钟以上，每周锻炼3~5次。

注意啦！

1. 饭后不宜立即跳操，最好饭后半小时再跳，否则很容易引起恶心、呕吐、腹痛等不适。
2. 穿着舒适，衣服要透气吸汗，最好穿软底的防滑鞋。
3. 练习时要循序渐进，不要急于求成而刻意延长练习时间，等身体适应了一个强度的练习以后，再逐渐增加运动量。

⊕ 骑自行车

骑自行车是一种耐力性的有氧运动。经常骑自行车，可增强心肺功能，促进血液循环和新陈代谢。此外，骑自行车还能使人心情放松、情绪舒畅，并能缓解压力，对提升免疫力很有帮助。

骑自行车的方法

1. 调整车座高度：先将脚跟放在踏板上，踏到最低点时膝关节正好伸直即可，这样可保证当用脚掌踩踏时，膝关节在踩踏的最低点时微微弯曲。
2. 调整车把高度：正常骑行时，应将身体的重量均匀分配在车把、车座和脚踏板上，所以车把的高度要能够承受身体三分之一的重量。
3. 车把的宽度：与肩同宽，或比肩宽一些。
4. 行车过程中，臀部坐正，保持身体稍前倾，两臂微弯，握把力度适中；腹部收紧，身体不要左右摆动；双腿和车的横梁平行或稍向内扣，用力均衡，膝关节、髋关节保持协调；两脚的位置恰当，踩踏脚板用力均匀。骑车时衣着得当，不要过于紧绷，阻碍腿脚发力。特别是中老年人最好穿一双合适的运动鞋，避免穿拖鞋等难以发力的鞋。

运动时间和运动量

骑自行车要保持一定的运动量才能达到锻炼效果，但速度和时间还要根据自身的情况灵活选择。

中青年人群：骑车时的心率应保持在105~125次/分钟，以每次骑30~60分钟为宜，每周骑3~5次。

老年人：骑车时的心率保持在90~105次/分钟，以每次骑30~40分钟为宜，每周骑3~5次。

注意啦！

1. 骑自行车最好选择空气清新、地势平坦、视线好、车少、环境好的地方。
2. 平时出门或上下班时骑自行车，在健身房进行踩单车训练，同样能起到一定的锻炼效果。
3. 骑车过程中切忌做鼓劲憋气、快速旋转、剧烈用力、深度低头或突然停车等动作，以免发生意外。
4. 骑车过程中若出现心脏不适、气短、心率过快等情况，必须立即停止运动。
5. 注意车架的长度、高度都要和自己的身材相匹配，否则会直接导致骑行姿势不正确，进而对腰背、腿部和上肢造成伤害。

⊕ 瑜伽

瑜伽通过各种拉伸和扭转动作，伸展、拉伸并放松肌肉，促进血液循环，改善新陈代谢。另外，瑜伽的呼吸法也有刺激胸腺的作用。因此，长期、规律地练习瑜伽有助于增强机体抗病能力。这里为大家推荐两个有助于提升免疫力的瑜伽动作。

瑜伽放松式——稳定情绪

跪坐，双脚并拢，臀部落在脚跟上，额头贴地，双臂放松伸展，放在头部两旁，放松全身，自然呼吸。

瑜伽眼镜蛇式——促进胸部血液循环

1. 俯卧，双脚打开与髋同宽，双手放于胸部两侧的地面，手掌压地。
2. 吸气，双手臂撑起上半身，耻骨不要离地，打开胸腔，不要挤压腰椎，腰椎有压力的时候，将手肘微屈。
3. 吸气，拉长脊柱，呼气，头颈后仰，眼睛看向前上方，注意不要耸肩。
4. 保持5个稳定呼吸后，慢慢地还原头颈，身体一点一点地落回地面。

注意啦！

1. 通过练习瑜伽来提升免疫力，需要长期坚持才有效果。
2. 练习之前要先热身，防止受伤。
3. 不要一开始就做高难度的动作，要循序渐进，避免身体受伤。
4. 每次练习 20~30 分钟即可，运动量不要过大。

每天按摩几分钟，逐步增强免疫力

⊕ 按摩头部

头部分布着众多的血管、淋巴管和神经中枢，它们掌管着众多激素的分泌。在中医学里，头又被称为“诸阳之会、精明之府”，经常按摩头部，可以促进头部血液循环，疏通气血，起到增强免疫力的作用。

用手指按摩

1. 双手五指微张，手指屈曲，以指腹着力深触头皮。
2. 从前额的发际向颈后的发根处梳，边梳边稍用力按。
3. 再从头部两侧由前到后边梳边按。
4. 反复进行，每次2~3分钟，每天早晚各1次。

用梳子梳头

1. 全身放松，手持梳子与头皮成90°角，梳齿深触头皮。
2. 从头顶正中开始，顺着头发生长的方向梳刮，连梳6下。
3. 反复梳至头皮微微发热、发麻为宜，每天早晚各梳1次。
4. 推荐用木梳子梳头，更有助于加强血液循环，减少对头皮的刺激和刮伤。

注意啦！

1. 按摩时，动作要轻缓，力度均匀适中，一般以头部感觉胀热、舒适为宜。
2. 用手指按摩时，要注意先清洁双手，修剪指甲，以免损伤头皮。
3. 用梳子时，最好选择竹木、桃木或牛角梳，梳齿疏密适中，不宜太尖。

⊕ 捶背

传统中医认为，人体背部有主一身阳气的督脉和贯穿全身的足太阳膀胱经。经常捶背，能通经活络，促进气血运行。 捶背可以刺激背部皮下组织，再通过神经系统和经络传导，促进局部乃至全身的血液循环，增强免疫功能。

自己捶打

1. 取坐姿或站姿，腰背自然放松。
2. 两手握空拳，从下向上反捶脊背中央及两侧，再从上到下捶打，各捶3～4遍，每日1~2次。

撞击后背

1. 背向一面墙、柱子或树干站立，双脚自然分开，与肩同宽。
2. 上身微微弓起，稍用力向后撞击，以有震感且不痛为宜，反复做36次。

他人捶打

1. 接受者可坐、站或卧，捶者双手握空拳，反复捶打接受者后背，从上至下，再从下至上，先捶中间，再捶两侧，力度适中，以能使身体震动而不感到疼痛为宜，捶打速度每分钟60~100次，每次15~30分钟。
2. 请家人帮忙，用按摩锤从上至下敲打后背中间及两侧，力度适宜，每次敲打10~15分钟。

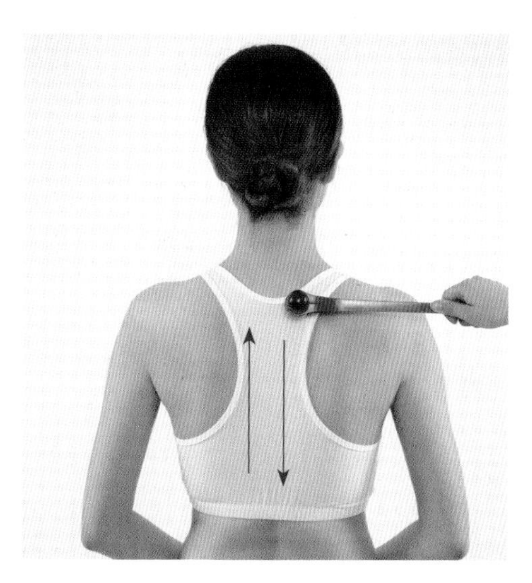

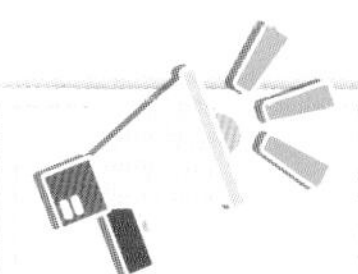

注意啦！

1. 如果接受者精神紧张、情绪激动，捶打手法宜轻缓，可抑制肌肉和神经紧张。
2. 如果接受者精神不振、倦怠乏力、工作效率低，宜用强而快的手法，可排出浊气，振奋精神。
3. 患有严重心脏病、脊椎病变、晚期肿瘤的患者，不宜捶背，以防加重病情或引起意外。

⊕ 摩腹

摩腹，就是对腹部进行按摩，通俗地说就是“揉肚子”。人体的消化器官主要集中在腹部，摩腹能有效地促进肠胃蠕动，促进腹腔内的血液循环，改善消化不良、腹胀、便秘等消化系统症状，帮助肠道更好地进行消化和营养的吸收，从而获得免疫力的提升。

摩揉全腹

双手重叠，按顺时针方向，用手掌掌面从上到下、从左到右摩揉全腹，保持自然呼吸，每次摩揉20~30分钟，以腹腔内感到温热为度。

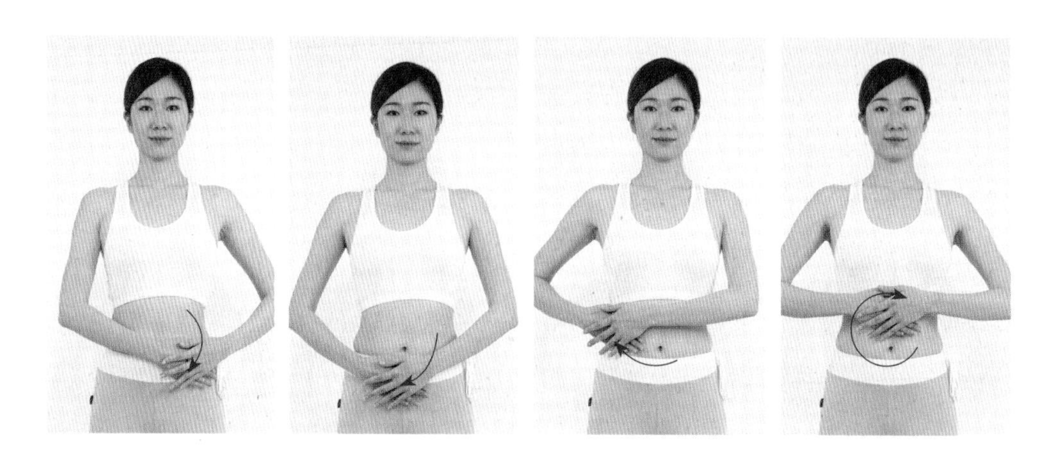

分推腹部

站姿，全身放松，用四指指腹沿肋弓边缘从上至下，向腹部两旁分推，稍用力，每次推5~10分钟，以腹部感到温热、舒适为宜。

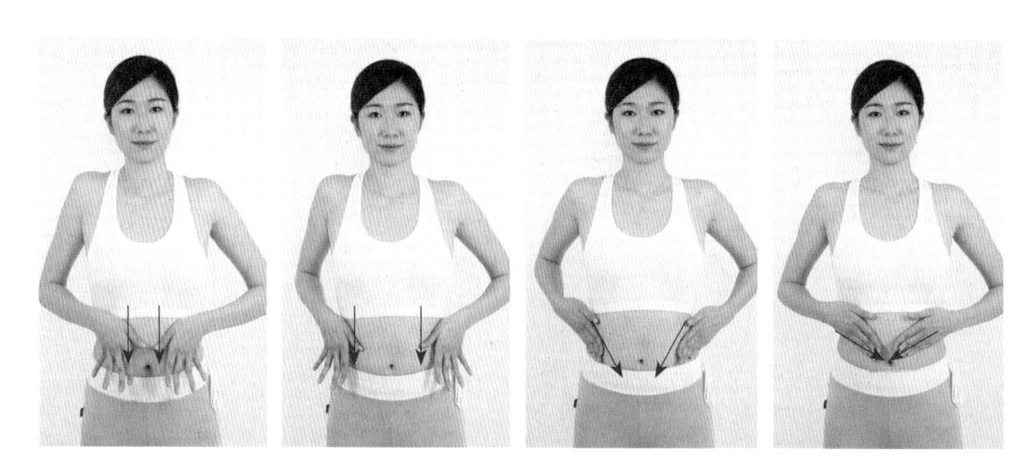

⊙ 摩揉下腹

双手重叠，按顺时针方向，以肚脐为中心，用掌根部做环形摩揉，稍用力，每次摩揉15~20分钟，以腹腔内感到温热为度，可有效改善便秘。

注意啦！

1. 摩腹过程中，如果腹内出现温热感、饥饿感，或产生肠鸣音、排气等现象，均属于正常反应，不用担心。
2. 消化道出血、腹部有急性炎症，患有癌症或腹部皮肤有化脓性感染的患者，均不宜摩腹。

⊕ 按摩脚底

脚位于下肢末端，脚部分布着很多神经末梢和毛细血管，脚底有人体各器官的反射区，还分布着众多的经络穴位，通过按摩脚底，能起到调节全身器官功能、促进血液循环、加速新陈代谢、改善睡眠的作用，从而使人体的免疫力逐步提高。

⊙ 按揉脚底

热水泡脚后，用双手拇指指腹从脚趾开始，向下按揉脚底，稍用力，以有痛感为宜。当按揉至涌泉穴时，可持续按揉此穴位2~3分钟。

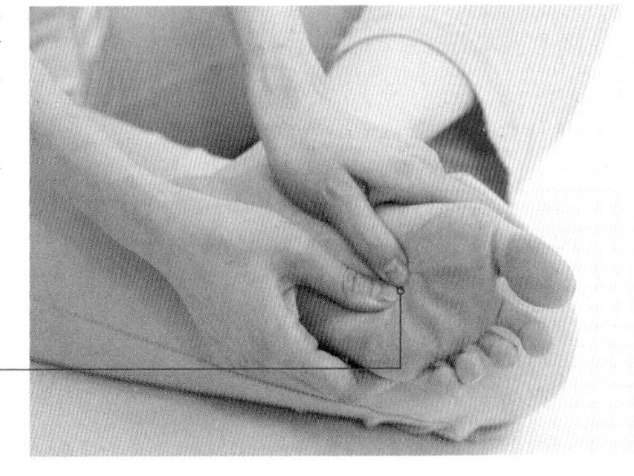

⊙ 搓擦脚底

用热水泡脚后，用一手握住脚趾，另一手摩擦脚底，搓至脚心发热为宜。然后用同样方法搓另一脚的脚底。

拍打脚底

热水泡脚（注意水温不宜高于70℃，泡脚时间不宜超过30分钟）后，用左手掌拍打右脚的脚底，稍用力，每次拍200下，以脚底发热为宜。然后用右手掌拍打左脚脚底200次。

注意啦！

1. 有些足浴盆、足底按摩垫等也有按摩脚底的功能，可根据需要选用。
2. 经常走路，特别是在鹅卵石路上走，同样可起到按摩脚底的作用。
3. 按揉脚底时，可借助按摩棒，能增强按揉效果。

腹式呼吸

腹部是人体气机升降的枢纽。腹式呼吸其实就是对脏腑器官及腹部经络进行良性按摩的作用。通过腹肌一张一弛的锻炼，不仅可以加强胸呼吸肌、膈呼吸肌的肌力和耐力，还能够疏通腹部的经络，锻炼腹直肌的韧性，调畅脏腑及全身气血的运行，达到提高免疫力的目的。腹式呼吸的方法：

1. 仰卧（或站立），身体放松，右手放在腹部肚脐，左手放在胸部，集中注意力。
2. 舌尖抵住上腭，由鼻慢慢吸气。吸气时，胸部保持不动，腹部缓缓向外鼓出至最大限度。
3. 屏息1秒，然后用口将气徐徐呼出。呼气时，胸部保持不动，腹部慢慢回缩至最大限度。
4. 每一次呼吸坚持10～15秒钟，循环往复，节奏一致，每次练习20~30分钟，以身体微热、微微出汗为宜。

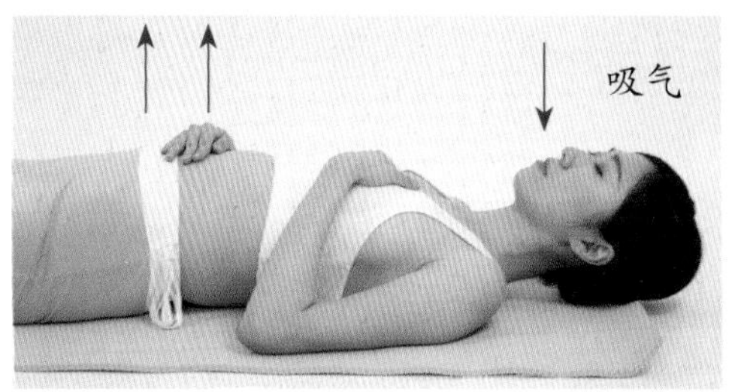

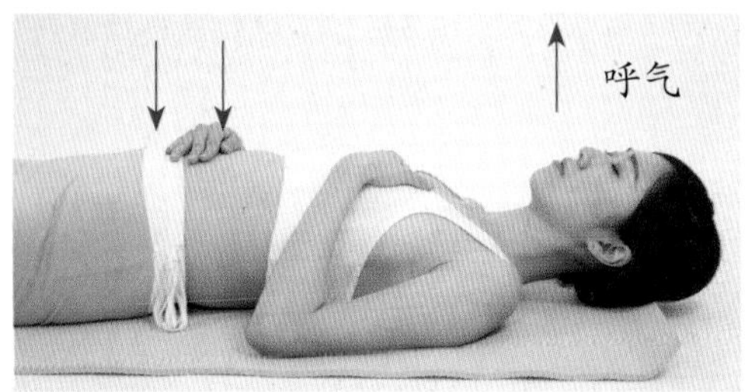

注意啦！

1. 每次一呼一吸都要尽全力，保持匀称、细缓，时间要拉长，节奏要放慢。
2. 练习时注意用鼻吸气、用口呼气。呼吸过程中如有口津溢出，可徐徐下咽。
3. 熟练后，也可以尝试逆腹式呼吸，即吸气时腹部回缩，呼气时腹部鼓出，反复练习，也有助于畅通气血，增强免疫力。

助力提升免疫力的居家卫生常识

每年的4月7日是世界卫生日，食品卫生、人体卫生、室内卫生等卫生问题关乎每个人的健康，可以说，卫生做不好，就容易滋生细菌、病毒，从而损害免疫力。所以，为了维持免疫系统的健康，做好居家及个人卫生非常重要。

⊕ 保持室内空气清新

保持室内的空气清新，不仅可以有效预防呼吸道传染病，还能使人心情愉悦，对增强免疫力也有帮助。要保持室内空气新鲜，除了要做好居家卫生外，还有以下几种方法：

1. 在室外空气质量好的时候开窗通风，可早、中、晚各开窗30分钟，这是最好、最简单的保持室内空气清新的办法。

2. 雾霾天尽量不要开窗，可使用空气净化器净化空气，但要注意定期清洗或更换滤网。

3. 不要在室内吸烟，烟雾会污染室内的空气，其中的有毒颗粒和气味还会附着在家具物品、衣物上，存留半年甚至更长时间，威胁我们的健康。

4. 做饭时一定要打开抽油烟机，并且在关火后继续让抽油烟机运行几分钟，避免油烟污染室内的空气。很多时候我们难以觉察到做饭时产生的有害气体，包括燃料没有完全燃烧产生的一氧化碳。

5. 家里装修、装饰或购买家具、家居用品的时候，尽量购买采用绿色环保材料的家居用品，以避免有毒有害物质污染室内空气。

6. 可以在室内养几盆能够净化空气的绿植，比如君子兰、吊兰、白掌、银皇后、铁线蕨、鸭脚木、芦荟、橡皮树、常春藤等。

注意啦！

空气清新剂是不能使室内空气变清新的，它只是通过散发香味暂时掩盖室内原有的异味，不但不能改善室内空气质量，还可能加重空气污染的程度，危害人体健康。

家居卫生要搞好

做好室内卫生

1. 墙壁、地板、桌椅等经常清扫、擦拭。

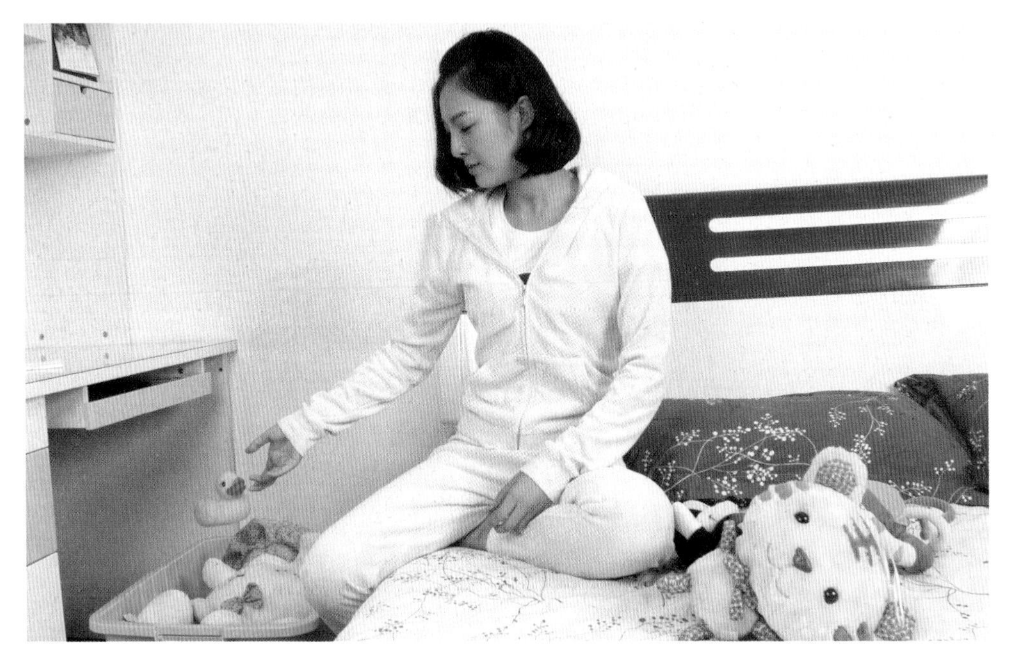

2. 卫生间的地面、墙面、玻璃、镜子、水龙头、水管等应定期清洁。

3. 马桶是最容易滋生细菌的地方，又与皮肤直接接触，所以一定要做好马桶的清洁，应每天擦拭、消毒。冲马桶时关闭马桶盖，避免细菌随水沫飞出，冲好后打开马桶盖，防止内部厌氧菌繁殖。

4. 马桶刷每次用完后，要冲洗干净，把水沥干，喷洒消毒液，或定期用消毒液浸泡，并放在合适的地方。建议最好把马桶刷挂起来，不要随便放在角落里，也不要放在不透风的容器里，以免滋生细菌。

5. 经常整理家具、衣物，把多余的物品清理掉，减少灰尘聚集。

注意啦！

家居环境中通常会存在许多卫生死角，长时间不清理就容易滋生细菌，因此，建议每1~2周进行一次大扫除。

家居用品的清洁

1. 注意被褥的清洁，比如床单被罩要勤换洗，推荐一周换洗一次；天气好时，将被褥、床单、枕头等床上物品放置于太阳底下暴晒；起床后不要马上叠被，可将被子翻过来摊开，晾一会儿，可有效除螨。

2. 毛巾要挂在通风的地方，定期高温消毒，并保持干燥；毛巾清洗好后，也要常置于太阳底下晒；定期更换毛巾。

3. 窗帘要定期清洗。

4. 地毯、地垫等最好用吸尘器来清除灰尘、皮屑等。

⦪ 控制室内温度、湿度，避免霉菌繁殖

1. 洗澡后要开启换气扇至少15分钟，并及时清理地面上的水，以保持卫生间干燥。

2. 平时清洁地面时，一定要用干燥的拖把把地擦干净。

3. 可使用干燥剂、活性炭防潮吸湿。

4. 可使用空调除湿功能，一般开启2~3小时就可有效除湿。

⦪ 注意家用电器的清洁

1. 定期清洗空调：空调使用几年以后，内部会积攒大量的细菌、病毒或螨虫，所以，建议在每年不用空调的季节，把滤尘网取下来，用清水冲洗干净并晾干，然后用空调防尘罩把空调罩好。到下一个使用的季节时，先把滤尘网清洗一遍再使用，可避免引起呼吸道感染。如果空调连续使用3年以上未清洗，则需要由专业人员进行系统的清洗维护。

2. 定期清洗洗衣机：洗衣机的套筒内部会残留很多污垢，且长期处于潮湿的环境中，特别容易滋生细菌。所以，建议每次洗完衣服后用“桶干燥”功能把洗衣机烘干，如没有这个功能，则可敞开洗衣机门，让洗衣机通风干燥。另外，建议使用专用的洗衣机清洁剂或含氯的漂白剂，每个月清洗一次洗衣机，以避免细菌、污垢聚集。

3. 定期清洁冰箱：冰箱在保鲜食物的同时，也容易滋生各种微生物，因此，冰箱最好每周清洁一次。冰箱切勿堆放太多食物，以防微生物大量繁殖；冰箱食物应归类放好，蔬菜有蔬菜的位置、肉类有肉类的位置，不要混合放置。

减少冰箱内细菌滋生的方法

1. 新鲜的水果、蔬菜最好包上保鲜膜，再放入冰箱冷藏。
2. 鲜鱼、肉等食物最好先用食品保鲜袋封装，再放入冷冻室贮藏。
3. 生食、熟食要分开存放。
4. 冰箱存放食物不要过满、过挤，最好是留有一定的空隙。

4. 定期清洗抽油烟机：抽油烟机久不清洗会积聚大量的油垢，影响排油烟的效果，建议每5~10天清洗一次油网，每3~6个月清洗一次抽风扇，使用一年以上可请专业人士进行整体清洗。

⊕ 天气好的时候晒晒太阳

当我们站在阳光底下，和煦的阳光洒在身上，暖洋洋的很舒服。建议大家不妨在天气好的时候，多到户外活动活动，晒晒太阳，对提升免疫力很有帮助。

⊙ 晒太阳的好处

1. 能够帮助人体获得维生素D，促进钙、磷的吸收，增强体质。
2. 阳光中的紫外线还能杀死皮肤上的细菌，增强皮肤的防御功能。
3. 晒太阳能增强人体内吞噬细胞的活力，提升免疫力。
4. 晒太阳能够促进人体的血液循环，促进新陈代谢，使身体感到舒适，心情愉悦。

⊙ 晒太阳的时间

- 夏季：可选择在上午8~9点，下午4~5点，此时阳光较温和，每次晒15分钟。
- 冬季：可选择在上午10点以后在阳光充足、背风的地方晒30分钟左右。
- 春秋：可选择在上午10点或下午3点左右，把袖子和裤腿卷起来晒15~30分钟。

注意啦！

1. 不要让阳光直接照射头部或脸部，特别要注意保护好眼睛。
2. 在阳光强的时候，注意不要让阳光灼伤皮肤。
3. 晒太阳时，不要穿得太厚、太多，不要打着遮阳伞或隔着玻璃晒。

⊕ 保持良好的个人卫生习惯，免疫力不受伤

⊙ 勤换衣物

1. 衣着要干净整洁，勤洗勤换，内衣裤最好一天一换。
2. 外出回家后，要先换掉外衣，挂起来，不要随便乱放，以防衣物上沾染的细菌、病毒在室内传播。
3. 衣物洗净后尽量晒干，利用阳光中的紫外线来帮助杀菌、消毒。如果衣服不能晒，也尽量烘干，不要阴干，否则容易滋生细菌。

⊙ 勤洗手

下面这些时候要注意洗手。

1. 外出回家后。
2. 饭前，便后。
3. 接触宠物或家禽之后。

4. 用手捂住口鼻打喷嚏、咳嗽或擤鼻涕之后。

5. 处理伤口或照顾病人前。

6. 处理垃圾之后。

另外，学会正确的洗手方法也很重要，可以减少病菌的侵害。

1 **洗掌心**

掌心相对，手指并拢，相互搓擦。

2 **洗手背**

手心对手背，双手交叉相叠，左右手交换各搓洗五下。

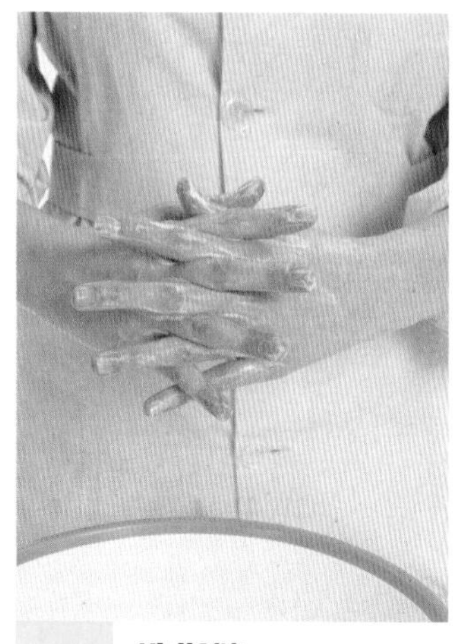

3 **洗指缝**

掌心相对，沿指缝相互搓擦。

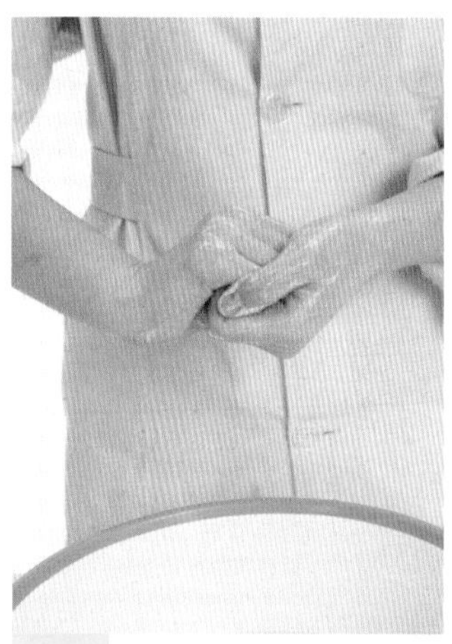

4 **洗手指关节**

双手手指相扣，指尖放于手心，相互搓洗。

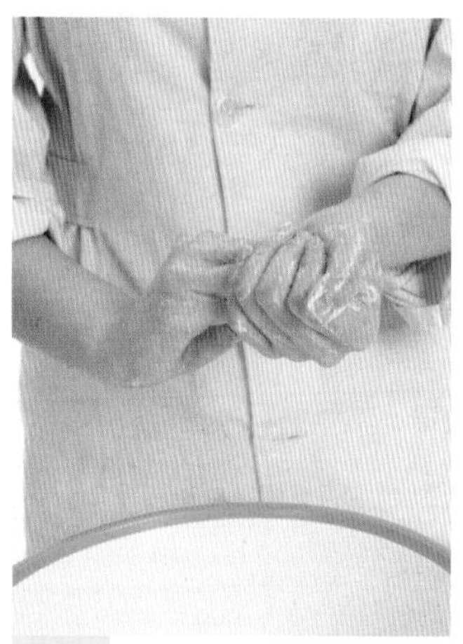

5 **洗指尖**

将五个手指尖并拢，在另一手掌心旋转搓洗，左右手交换进行。

6 **洗手腕**

一手旋转揉搓另一手的腕部，左右手交换进行。

⊗ 注意口腔卫生

选用软毛或中硬毛的牙刷，坚持正确的刷牙方法，即从牙龈开始，沿牙纵轴上下刷洗，咬合面前后来回刷，动作要轻柔，时间达到3分钟，早晚各刷1次。吃东西后要漱口，清除食物残渣，保持口腔清洁，可减少细菌的滋生，口腔卫生差容易引发牙周炎，严重的甚至会引发糖尿病或心脏病。

⊗ 咳嗽或打喷嚏时要注意遮挡

√ 用纸巾遮挡：对着纸巾咳嗽或打喷嚏后，立刻把纸巾扔进垃圾桶，然后用肥皂或洗手液洗手，以防病毒或细菌沾染到手上。

√ 用手肘遮挡：咳嗽或打喷嚏时，如果手边没有纸巾，或者一时情急，来不及拿纸巾，可抬起手肘内侧来挡住口鼻，可大大降低细菌、病毒通过飞沫传播的概率。

× 咳嗽或打喷嚏时，不要用手去捂住口鼻。

⊗ 注意个人饮食卫生

1. 准备食物前、吃饭前都要洗手。
2. 不在马路上吃东西。
3. 不喝生水。
4. 剩饭、剩菜放入冰箱冷藏，下次食用前应充分加热，如变质则应立即扔掉。
5. 生吃水果蔬菜要洗净，不吃腐烂的水果蔬菜。

鸣谢

在新型冠状病毒肆虐全球的情况下，为提高我国居民的机体免疫能力，降低感染病毒的风险，预防疾病发生，青岛出版社联合首都保健营养美食学会会长王旭峰隆重推出《中国居民增强免疫力食谱》一书，旨在帮助广大读者在这一特殊时期及将来更长的时间里，通过居家调养提高自身免疫力。提高自身免疫力，于个人能保护健康、使家庭幸福；于整个社会，则能提升全民整体的身体素质，这对于我们中华民族来说具有重大的现实意义。在本书的编写过程中，我们得到了众多单位及专家的大力支持，在此一并表示感谢。

武汉绿安健膳方科技有限公司
北京满圃香电子商务有限公司
洽洽食品股份有限公司
造物游传（北京）电子商务有限公司
辽宁沈阳睿康健康管理有限公司
安徽蚌埠世纪健康职业培训学校
广东东莞青柠檬健康咨询有限公司
赛福凯瑞（北京）文化传媒有限公司
上品励合（北京）文化传播有限公司